U0023341

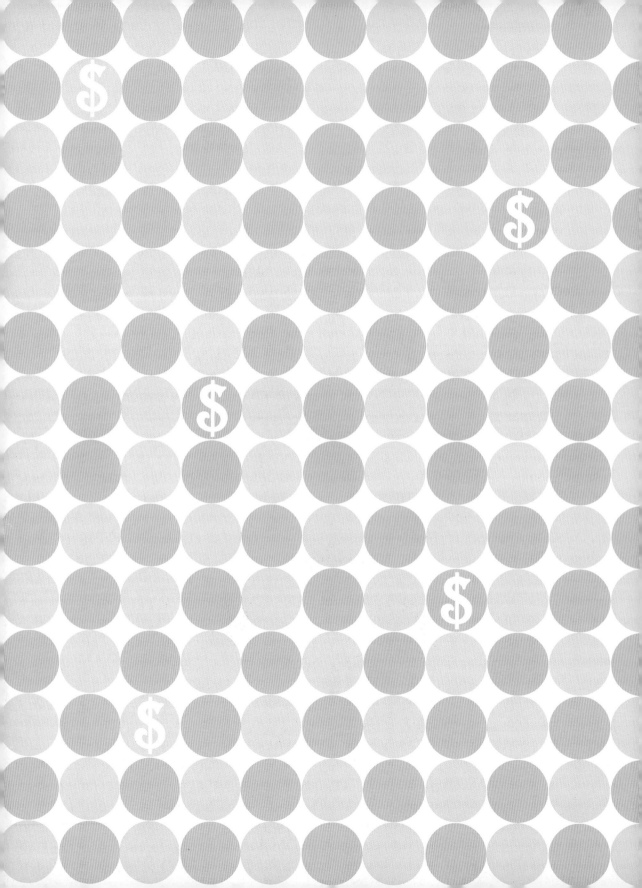

教你做網友最愛的下標的
主食、小菜、甜點和醬料

網拍美食

創業寶典

團購美食新手，小本賺錢的第一本書！
擁有本書，不但料理、烘焙都學會，
網拍方式也能都精通，
現在就開始學做美食，上網賺現金！

暢銷食譜作者　洪嘉妤著

朱雀文化

動手做點心 網拍換現金

做生意一定要找個好店面、兼差一定要佔用到上班時間、創業一定要身懷十八般武藝嗎？其實隨著網路購物的普及，做生意、兼差及創業變得超簡單，只要學會網拍技巧，馬上就能當老闆！

不過當家裡的二手商品賣完後，那上網還能賣些什麼呢？美食是個好主意，本書的美食包含蛋糕、餅乾、滷味、小菜及家常主食，是每個人都喜歡且常吃的食品，只要你做的口味夠好、夠新鮮，就不怕沒人來光顧！

這本食譜專為「想要以美食打入網拍市場」或是「擺攤賣小吃」的讀者，提供現在最受歡迎的網拍品項的基本做法，比方水餃、泡菜、雞腳凍、布丁、牛軋糖及起司蛋糕等，以此書的食譜為出發點，就能做出道地的風味，如果能再透過自己的創意增添特色，就能更快研發出獨特的專賣商品。

內容不只食譜，還包羅各種美食的基礎做法及進階常識、口味變化的方向，是一本完整指導你網拍美食的食譜工具書。

食譜部分共計四個單元：〈國民主食〉有水餃、蘿蔔糕及紅燒牛肉麵等常見的家庭主食配方，很受職業婦女及女性上班族的歡迎。〈上班族小菜〉包含醉雞、辣腐乳、韓式泡菜及香滷豬腳等食譜，上班族及學生都很愛下標。〈OL甜點〉則提供布丁、奶酪、磅蛋糕及巧克力布朗尼等做法，是辦公室最愛合購的人氣點心。〈萬用醬料〉教你製作淋飯吃的咖哩醬、拌義大利麵吃的青醬、白醬及塗麵包用的果醬等，很受家庭主婦及餐廳老闆的歡迎。

第五篇〈網路賣家教室〉鉅細靡遺地介紹如何在各大拍賣網站註冊帳號、開始網拍的步驟，就算沒有上網習慣的人，也能輕鬆上手喔！還有〈超人氣賣場生財技術大公開〉傳授上網賣點心的6大絕招。光說不練，可能信服力不夠，〈超人氣賣家現身說法實況報導〉，提供最實用的網拍秘技，人氣賣家辛酸的經營過程心得與秘招，完全不藏私統統大公開！

擁有這一本，不但料理、烘焙都學會，網拍方式也能都精通，讓你現在開始做點心，立刻上網賺現金！

編輯室報告

閱讀以下小5個Tips，可以讓你更充分運用本書
成功上網賣點心！

本書每道配方都是最基礎的做法，實用好做，雖然網
拍點心口味推陳出新、五花八門，但經典口味永遠最
受歡迎，建議新手應從最簡單的入門點心開始熟捻，
再從基本配方中探索進階級的花俏新口味。

網路賣場規則經常更新，本書提供的基本情報僅供參
考，正確資訊以網站公布的最新訊息為準。

貼心提供p.99〈生財器具購買商家〉、p.100〈原料供
應商家〉及p.101〈包裝素材批發商家〉等廠商資訊，
編輯部資料力求精準，但若有更動，仍以廠商公布訊
息為準。

書中食譜所做出的菜餚與點心，不只能網路拍賣，還
能擺攤賣小吃、開小吃店做生意。

食譜中成本計算僅包含食材、調味料，不包括其他生
財器具、人事、包裝、水電瓦斯等開銷，且因材料進
價時有浮動變化，成本與售價數據僅供參考。

本書度量衡換算標準

1杯＝240c.c.　　1大匙＝15 c.c.　　1小匙＝5 c.c.　　1公升＝1,000 c.c.
1公斤＝1,000克　　1台斤＝600克

備註：大量製作時材料份量較大，為方便秤量應準備較大型的量杯、電子秤，採購鍋盆時也應問明
內容量方便製作。

教你做網友最愛的下標的
主食、小菜、甜點和醬料

"網拍美食
創業寶典"

Contents

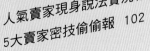

Part one 國民主食

上班族天天都要吃午餐，
家庭主婦天天煩惱煮什麼，
水餃、油飯、牛肉麵……
學會國民主食上網賣，
利潤立刻滾滾來。

高麗菜水餃

份量　2份
建議售價　100元／25個
成本預估　40元／25個
必備器材　擀麵棍、大型平盤、冷凍櫃

材 料	調味料	蔥薑水
高麗菜500克	鹽適量	蔥20克
豬絞肉400克	香油少許	薑20克
蔥15克		水20c.c.
餃子皮500克		

做 法

1. 蔥洗淨切末；蔥薑水材料中的蔥和薑洗淨、拍碎，加入水拌勻稍加浸泡後濾出蔥薑水備用。
2. 高麗菜洗淨瀝乾水分，先切絲再切成碎末狀，加入1大匙鹽抓醃一下，將高麗菜裡的水分除掉，直接以手搓揉再將水分盡量擠乾，續加入調味料、豬絞肉和蔥末拌勻成餡料。
3. 將蔥薑水倒入餡料中攪拌均勻，取適量的餡料包入水餃皮中，排入大型平盤，放入冰箱冷凍至完全變硬即可包裝。

水餃皮做法

材 料　高筋麵粉300克　鹽少許　冷水180克

高筋麵粉倒在平台上並將中央挖空，再倒入加鹽調勻的冷水，攪拌至麵糰光滑後將麵糰分成小糰，揉搓成直徑約2公分的圓條，再分切成小塊，以手掌壓平後再以擀麵棍擀成外薄內厚的餃子皮即成。

Tips

1. 包好的水餃最好馬上放入冰箱冷凍，能避免形狀變扁，同時維持衛生安全。
2. 在表面撒上少許高筋麵粉，可以防止水餃互相沾黏。
3. 可自由調整水餃的大小，大顆的水餃很有份量感，而小顆則給人精緻好入口的印象。

流行風水餃
口味變化

泡菜水餃

份量　2份
建議售價　100元／25個
成本預估　40元／25個
必備器材　大型平盤、冷凍櫃

材料
韓國泡菜1000克
豬絞肉200克
蔥20克
薑15克
雞蛋1個
餃子皮500克
調味料
鹽適量
胡椒粉少許

做法
1. 蔥洗淨切末；薑洗淨去皮，拍碎後磨成泥備用。
2. 韓國泡菜稍微瀝乾水分後，切碎，續加入調味料、豬絞肉、雞蛋和蔥末、薑泥拌勻成餡料。
3. 取適量餡料包入水餃皮中，排入大型平盤，放入冰箱冷凍至完全變硬即可包裝。

Tips
1. 韓國泡菜已經過調味，所以在調味時最好先試一下味道。
2. 餡料也可加入豆腐（或是以豆腐取代豬絞肉），內餡的嫩度與香味會更具有特色。
3. 可在餡料中少量加入泡菜汁增加風味，添加過量則會使內餡失去彈性口感。

蝦仁水餃

份量　3份
建議售價　120元／20個
成本預估　56／20個
必備器材　大型平盤、冷凍櫃

做法
1. 鮮蝦去殼及腸泥後洗淨，加入米酒浸泡約10分鐘。
2. 去皮荸薺洗淨剁碎，蔥、芹菜洗淨、切碎，一起放入大碗中，加入蝦泥與調味料拌勻成餡料。
3. 取適量的餡料包入水餃皮中，每個餡料放入一隻蝦，包好後一一排入大型平盤中，放入冰箱冷凍至完全變硬即可包裝。

Tips
1. 為了同時兼顧賣相與口感，以鮮蝦搭配蝦泥的製作內餡最具特色，如果希望採取平價方式銷售，則可單純採用蝦仁泥。
2. 蝦仁水餃所搭配的水餃皮可以添加少許蕃茄醬製作，色澤與口味都會更具特色。

材料
鮮蝦50隻
蝦泥50克
去皮荸薺50克
芹菜100克
蔥40克
水餃皮500克

調味料
鹽2小匙
糖1小匙
米酒1大匙
胡椒粉少許
太白粉少許
香油少許

香椿素水餃

份量　2份
建議售價　75元／25個
成本預估　32.5元／25個
必備器材　大型平盤、
冷凍櫃

材料	調味料
香椿嫩葉15克	五香粉3克
高麗菜400克	香油10c.c.
素肉200克	醬油40c.c.
紅蘿蔔50克	
冬粉1把	
水餃皮500克	

做法

1. 香椿嫩葉洗淨瀝乾水分後，先切絲再切成碎末狀，並將水分擠乾。

2. 高麗菜洗淨瀝乾水分後，先切絲再切成碎末狀，加入1大匙鹽抓醃一下，將高麗菜裡多餘的水分除掉，直接以手搓揉再將水分擠乾。

3. 紅蘿蔔洗淨去皮後切成小碎丁粒，冬粉泡水變軟後切碎。

4. 將水餃皮之外的所有材料與調味料一起拌勻成餡料，取適量餡料包入水餃皮中，排入大型平盤，放入冰箱冷凍至完全變硬即可包裝。

Tips

1. 香椿須取嫩葉部分較無粗纖維。
2. 香椿水餃餡可分為重口味與輕口味兩種，重口味的做法是以香椿為主材料，輕口味則是以香椿為調味材料。

雪菜水餃

做法

1. 雪裡紅、大白菜均洗淨瀝乾水分後切碎。

2. 紅辣椒洗淨去籽後切成小碎丁粒，冬粉泡水變軟後切碎。

3. 將水餃皮之外的所有材料與調味料一起拌勻成餡料，取適量餡料包入水餃皮中，排入大型平盤中放入冰箱冷凍至完全變硬即可包裝。

Tips

1. 雪裡紅在製作時經過醃漬，須先清洗掉多餘的鹹味與雜質，味道才會清香爽口。

2. 搭配具有甘甜風味的大白菜可使雪裡紅的鹹味更柔和，少許的紅辣椒可增加甘鮮味同時具有配色效果。

份量　2份
建議售價　75元／25個
成本預估　32.5元／25個
必備器材　大型平盤、冷凍櫃

材料	調味料
雪裡紅400克	白胡椒粉1小匙
大白菜200克	香油1大匙
紅辣椒30克	醬油2大匙
冬粉1把	
水餃皮500克	

蘿蔔糕

份量 3份
建議售價 80元／600克
成本預估 34元／600克
必備器材 蒸籠、刨絲器、
模型、麻布

材 料

去皮白蘿蔔600克

油蔥酥3大匙

水1,200c.c.

鹽1小匙

在來米粉200克

太白粉2大匙

Tips

1. 為了方便切割分售，最好選擇方型
   的模型製作。
2. 使用竹蒸籠的風味比金屬蒸籠更
   好。
3. 做法**1.**蒸的方式使蘿蔔糕口味健康
   清爽，也可選擇以炒熟的方式料
   理，香味更加濃郁。

做 法

1. 白蘿蔔洗淨，刨成蘿蔔絲，加入800c.c.的水、
   油蔥酥和鹽拌均勻，放入蒸籠以中火蒸煮至蘿
   蔔絲熟透。
2. 在來米粉中加入400c.c.的水攪拌均勻，再加入
   太白粉拌勻，倒入煮熟的蘿蔔絲中，一邊倒入
   一邊攪拌均勻成蘿蔔絲糊。
3. 模型抹上少許油，將攪拌均勻的蘿蔔絲糊倒入
   鋪有麻布的模型中，再放入蒸籠中蒸熟，取出
   冷卻後即可包裝。

芋頭糕

份量 4份
建議售價 80元／600克
成本預估 22元／600克
必備器材 蒸籠、刨絲器、
模型、麻布

材料

芋頭1個（約600克）

蝦米75克

紅蔥頭6粒

在來米粉600克

澄粉60克

水6杯

油3大匙

調味料

鹽2小匙

胡椒粉1/2小匙

糖1小匙

做法

1. 芋頭去皮，洗淨瀝乾後刨成絲；蝦米浸泡入水中至軟；紅蔥頭去皮切細末狀，備用。

2. 來米粉與澄粉加入3杯水混和調勻備用。

3. 熱鍋加油燒熱，先放入紅蔥頭末爆香，再加入蝦米、芋頭絲及調味料拌勻，倒入3杯水以中火煮滾後，再倒入已攪勻的來米粉澄粉水攪拌均勻成芋頭糊。

4. 模型抹上少許油，將煮好的芋頭糊倒入鋪有麻布的模型中，表面稍稍抹平後，放入蒸籠中以中火蒸約1小時，取出冷卻後即可包裝。

Tips

1. 筷子插入芋頭糕中抽出時若沒有沾黏粉糊，表示已經熟了。
2. 芋頭也可切以成小丁塊製作，口感更具變化。

湖州粽

份量 6份
建議售價 200元／5個
成本預估 50元／5個
必備器材 大湯鍋

材 料

圓糯米1,800克
瘦豬肉900克
板油150克
粽葉約60張
棉繩約30條

調味料

A

鹽3小匙
白胡椒粉3小匙
醬油4大匙
高粱酒2大匙

B

醬油10大匙
鹽1小匙
白胡椒粉2小匙
高粱酒4大匙

做 法

1. 粽葉先以熱水略燙過後，洗淨瀝乾；板油洗淨，放入冰箱冷凍變硬後，切細條狀。

2. 圓糯米洗淨瀝乾後，加入調味料**A**拌勻醃約30分鐘。

3. 瘦豬肉洗淨瀝乾後，切粗條狀加入調味料**B**拌勻醃至少3小時。

4. 取1～2片粽葉為底，放入適量圓糯米，再放上適量火腿肉與板油，再加入適量圓糯米覆蓋，將粽葉折好收口以棉繩綁緊，重複做法至材料用完。

5. 將包好的粽子放入大鍋中，加水至蓋過粽子，大火煮至水滾沸後蓋上鍋蓋，改小火繼續煮約1小時，至完全熟透後取出瀝乾水分，晾乾冷卻後即可包裝。

Tips

1. 醃肉汁也可倒入糯米中拌勻，風味更佳。

2. 醃肉可在前一日先準備，浸泡一夜後味道更入味。

2. 煮好的粽子最好能馬上掛起來散熱，並充分的將多餘的水分滴乾。

南部粽

份量 4份
建議售價 200元／5個
成本預估 87.5元／5個
必備器材 炒鍋、大湯鍋

材料

糯米1,200克

香菇20朵

栗子200克

豬腿肉900克

蝦米1/2杯

鹹蛋黃10顆

粽葉約40張

棉繩20條

調味料

A

醬油1 1/2大匙

糖1小匙

白胡椒1/4小匙

B

醬油4大匙

油蔥酥3大匙

糖1小匙

C

醬油2大匙

Tips

1. 鹹蛋黃可先以米酒浸泡一下增加香氣。
2. 每個粽子中所用的配料都要份量一致，所以材料挑選與分切的時候也要注意大小要相近。

做法

1. 粽葉先以熱水略燙過後，洗淨瀝乾；糯米洗淨，泡水約3小時後，瀝乾水分備用。

2. 香菇洗淨泡軟，去蒂後切小塊；栗子去殼、洗淨；腿肉洗淨、切丁，以調味料**A**拌勻後醃泡至少1小時；鹹蛋黃對半切開。

3. **內餡處理**：鍋中加入2大匙油燒熱，先放入蝦米爆香，再加入腿肉、香菇、栗子及調味料**B**拌炒均勻備用。

4. 鍋中加入4大匙油燒熱，放入糯米及調味料**C**拌炒均勻備用。

5. 取2片粽葉相疊，從尾端處交疊折成漏斗狀，加入少許炒好的糯米，放上適量內餡與半顆鹹蛋黃，再加入適量炒好的糯米覆蓋，將粽葉折好收口以棉繩綁緊，重複做法至材料用完。

6. 放入大鍋中，加水至蓋過粽子，大火煮至水滾沸後蓋上鍋蓋，改小火繼續煮約1小時，至完全熟透後取出瀝乾水分，晾乾冷卻後即可包裝。

紫米養生粽

份量 2份
建議售價 180元／5個
成本預估 45元／5個
必備器材 快鍋、蒸籠

材 料

長糯米100克

紫糯米400克

蓮子80克

紅棗80克

枸杞80克

粽葉約20片

棉繩約10條

Tips

1. 紅棗可在蒸熟後去籽，
   蓮子則一定要去綠心，
   才不會有苦味。
2. 紫糯米與長糯米的比例
   可做適當調整。
3. 利用快鍋可以加快烹調
   的時間同時節省瓦斯的
   用量，也可利用蒸籠或
   電鍋蒸至熟透。

做 法

1. 粽葉先以熱水略燙過後，洗淨瀝乾；紫糯米洗淨並泡水一
   晚；蓮子洗淨泡水一晚後，以快鍋蒸熟備用。
2. 長糯米和紅棗洗淨、瀝乾後，和泡好的紫糯米一起放入快
   鍋中蒸熟，取出加入蓮子、枸杞拌勻成餡料。
3. 取2片粽葉相疊，從尾端處交疊折成漏斗狀，加入適量餡
   料，將粽葉折好收口以棉繩綁緊，重複做法至材料用完，
   排入蒸籠中，大火蒸煮約1小時取出，晾乾冷卻後即可包
   裝。

豆沙粽

份量 2份
建議售價 220元／6個
成本預估 66元／6個
必備器材 快鍋、大湯鍋

材料

糯米600克

紅豆沙300克

板油100克

細砂糖200克

粽葉約24張

綿繩12小條

做法

1. 粽葉先以熱水略燙過後，洗淨瀝乾；板油除膜後，切成細長條，加入細砂糖拌勻醃4小時。

2. 糯米洗淨泡水8小時後，以快鍋蒸熟備用。

3. 取2片粽葉為底，放入適量糯米、紅豆沙和板油，再覆蓋上另一片粽葉，包捲成長條形，以棉繩繞圈綁緊，重複上述做法至材料用完。

4. 將包好的粽子放入大鍋中，加入醃過粽子的水量，以中小火煮約2小時即成。

Tips

1. 板油可增加紅豆沙的香味，同時讓豆沙的口感更為滑潤。

2. 如果直接採用現成的紅豆沙餡，有的已經添加油脂調整口感，則可適量減少板油的份量。

油飯

份量 3份
建議售價 60元／500克
成本預估 30元／500克
必備器材 電鍋

材 料
糯米4杯
蝦米2大匙
香菇絲1/2杯
筍絲1/3杯
豬肉絲1/2杯
油蔥酥2大匙
油2大匙
冷開水3杯

調味料
白胡椒適量
鹽1小匙
五香粉適量

做 法
1. 糯米洗淨，瀝乾水分；蝦米洗淨後泡入水中至軟，並將浸泡後的水留下備用。
2. 鍋中加入油燒熱，放入蝦米和香菇絲、筍絲、豬肉絲、油蔥酥拌炒均勻，再加入糯米輕輕拌勻，倒入泡蝦米的水和3杯清水拌炒後，加入所有調味料調味均勻。
3. 續放入電鍋內鍋中，外鍋加入3杯水蒸煮至開關跳起，再將油飯由下往上翻動，蓋上鍋蓋續燜約10分鐘，取出放涼即可包裝。

Tips
1. 油飯不能蒸的過軟，口感要具有彈性且不黏糊。
2. 翻攪蒸好的油飯，可以去掉多餘的水氣，燜好的油飯也要盡快攤平散熱，當溫度降至室溫時立即包裝，以免水分過份散失而變硬。

碗粿

份量 4份
建議售價 80元／3個
成本預估 21元／3個
必備器材 炒鍋、蒸鍋

材料	調味料
在來米粉600克	**A**
紅蔥頭10粒	醬油1小匙
豬絞肉150克	糖1/4小匙
香菇5朵	白胡椒粉1小匙
蘿蔔乾100克	**B**

淋醬：

甜辣醬1大匙	鹽1大匙
醬油膏2大匙	糖1/2小匙
醬油1大匙	
蒜末1小匙	
水2大匙	
糖1小匙	

做法

1. 紅蔥頭去皮、洗淨，香菇洗淨、泡軟，蘿蔔乾洗淨，3項材料均切碎。
2. **配料處理**：鍋中倒入2大匙油燒熱，先放入紅蔥頭爆香，再加入豬絞肉、香菇、蘿蔔乾和調味料**A**，拌炒均勻後盛出備用。
3. 在來米粉先加入4杯冷水調勻，再加入8杯滾開的熱水與調味料**B**攪拌均勻，分別倒入厚碗中，移入蒸鍋中以大火蒸約30分鐘，取出放涼後即可包裝冷藏。
4. 所有淋醬材料調勻後倒入鍋中以中火燒至滾沸後熄火放涼。
5. 每份碗粿均搭配上適量的配料與淋醬即成。

Tips

1. 厚碗使用前可以擦上一層油方便蒸好的碗粿取出來。
2. 配料與淋醬要另外包裝，吃的時候再混和才不會變味。

海鮮PIZZA

份量 2份
建議售價 50元／個
成本預估 30元／個
必備器材 擀麵棍、
大型平盤

材 料

蟹肉棒1/2支

鮮蝦仁4～6隻

花枝50克

青椒30克

餅皮2張

批薩起士160克

調味料

批薩醬2大匙

做 法

1. 蟹肉棒洗淨，剝成絲；青椒洗淨，去蒂及籽後切絲。

2. 鮮蝦仁去除腸泥，洗淨；花枝去皮、洗淨，切小片；均放入滾水中以大火汆燙30秒鐘，撈出瀝乾水分。

3. 餅皮均勻抹上披薩醬，撒上處理好的材料及一半的披薩起士，移入遇熱好的烤箱中以180℃烤約15分鐘，取出放涼後撒上剩餘的批薩起士即可包裝。

PIZZA餅皮做法

材 料 中筋麵粉300克　乾酵母11/2小匙
温水3/4杯　奶油30克

調味料 糖1大匙　鹽1/2小匙

做法

1. 將乾酵母加入溫水中攪拌均勻後，加入中筋麵粉和調味料一起拌勻。

2. 倒在桌上，加入已於室溫中軟化的奶油揉約10分鐘至麵糰光滑有彈性，滾圓放入鋼盆中蓋上保鮮膜，於室溫發酵約2小時。

3. 將發酵好的麵糰放在撒上少許麵粉的乾淨檯面上，分割成二等份後滾圓，蓋上保鮮膜繼續靜置發酵約15分鐘。

4. 續將麵糰擀開或以手輕拉壓整成圓餅狀，將邊緣一圈整形成較厚的邊，再以叉子均勻刺出小洞即成。

Tips

1. 食用前仍須經過微波或烤箱再次加熱。

2. 經過烘烤的披薩可降低材料中的水分，延長保存期限，同時可以縮短食用前的加熱時間。

3. 如需大量製作餅皮，可先烤熟備用，使用熟餅皮則大約再烘烤10分鐘即可。

酸甜雞丁PIZZA

份量 4份
建議售價 50元／個
成本預估 28元／個
必備器材 炒鍋、大型平盤

材 料

雞胸肉300克
蒜末1小匙
磨菇80克
青椒30克
餅皮4張
（做法見P.21）
批薩起士320克

醃料

蛋白1個
鹽1小匙
太白粉1大匙

調味料

醬油2大匙
米酒1大匙
糖2小匙
白醋2小匙
蕃茄醬2大匙
香油1小匙
水4大匙

做 法

1. 磨菇洗淨，切片；青椒洗淨，去蒂及籽後切絲。
2. 雞胸肉洗淨，切丁，加入醃料拌勻並醃30分鐘以上，放入熱油鍋中以中火炸熟，撈出瀝乾油分；乾辣椒切碎。
3. 鍋中倒入1大匙油燒熱，放入乾辣椒與蒜末以中小火爆香，加入磨菇片和青椒絲拌炒均勻，再加入雞丁以中火炒勻，最後加入調勻的調味料拌勻續煮1分鐘至略收乾。
4. 餅皮均勻鋪上材料及一半的披薩起士，移入預熱好的烤箱中以180℃烤約15分鐘，取出放涼後撒上剩餘的批薩起士即可包裝。

Tips

1. 食用前仍須經過微波或烤箱再次加熱。
2. 帶醬汁且口味較重的料理皆可嘗試成為另類的披薩餡，刀工須注意最好能以小塊或片的方式。

蔥油餅

份量 2份
建議售價 50元／3個
成本預估 15元／3個
必備器材 鋼盆、
擀麵棍、平底鍋

材料
低筋麵粉3杯
蔥5支
熱開水1杯
冷開水1/2杯
豬油或沙拉1/2杯

調味料
鹽 1大匙

做法
1. 麵粉放入鋼盆中，慢慢加入熱開水並以筷子拌勻，水分充分吸收後，再加入冷開水以手揉至軟度適中，加蓋靜置15分鐘。
2. 蔥洗淨，切末，放入碗中，加入豬油或沙拉油料拌勻成內餡。
3. 將麵糰分切成6塊，分別以手掌壓平，再以擀麵棍壓成薄片，均勻鋪上一層蔥油內餡，自邊緣捲成圓筒狀，再以擀麵棍壓成圓片。
4. 鍋中倒入4大匙油燒熱，放入蔥油餅以中火煎至兩面金黃，盛出冷卻後即可包裝。

Tips
1. 食用前仍須經過微波或烤箱再次加熱。
2. 有些商家會直接出售完成的蔥油餅麵糰，讓消費者自行壓平後煎熟食用。

蕃茄牛肉麵

份量　10份
建議售價　90元／份
成本預估　42元／份
必備器材　炒鍋、燉鍋

材 料

牛肉2公斤
蕃茄（中型）5～6個
青蔥3支
老薑150克
蒜頭40克
高湯2500c.c.
沙拉油2大匙
米酒3大匙

調味料

糖色3大匙
鹽2小匙
醬油1杯

做 法

1. 牛肉洗淨切小塊狀後，放入滾沸水中略煮過以去血水，待肉塊變色即成撈起瀝乾備用。

2. 蕃茄洗淨去蒂，切小塊狀；青蔥去乾皮，切成小段狀；老薑洗淨，先拍裂再切小塊狀；蒜去皮，拍裂。

3. 取鍋加入2大匙油燒熱，先放入糖色和蕃茄塊翻炒，再放入牛肉塊、米酒翻炒均勻，待牛肉塊附上糖色後，放入青蔥段、薑塊、蒜和鹽一起炒勻。

4. 將鍋中的食材全部移入燉鍋中，加入醬油和高湯以小火燉煮約2小時至牛肉軟爛，熄火冷卻後即可包裝。

Tips

1. 牛肉的選擇以略帶筋的黃牛肉風味較佳。
2. 糖色可以黃砂糖取代。
3. 生麵條另附，可挑選口感適合的麵條搭配，如拉麵、家常麵。

鹹湯圓

份量 3份
建議售價 60元／12個
成本預估 23元／12個
必備器材 擀麵棍、大型平盤

外皮材料
糯米粉2 1/2杯
油2大匙
水1杯

湯頭材料包
紅蔥頭少許
蝦米少許

湯頭調味包
鹽1/2小匙
胡椒粉1/2小匙
醬油2大匙

內餡材料
絞肉1/2斤
芹菜丁3大匙

內餡調味料
胡椒粉1/3小匙
鹽少許
水2大匙

做 法
1. 內餡材料和調味料拌勻備用。
2. 將糯米粉、油和水混和拌勻揉成粉糰，水不要一次加完，分多次慢慢加入，搓成長條狀後再分切成數小塊，取一小塊壓扁，包入適量的內餡，再以手搓成圓球狀即可包裝冷凍。
3. 湯頭材料包與湯頭調味包直接包裝後搭配使用。

Tips
1. 包裝盒內需撒少許麵粉防止沾黏。
2. 湯頭材料包也可先經過爆香冷卻後包裝。

"Part two 上班族小菜"

韓式泡菜是吃飯的好配菜，
雞腳凍是看電視的最佳零食，
鴨翅膀是工作告一段落的小小犒賞……
學會上班族小菜上網賣，
輕鬆創業當老闆。

原味豆腐乳

份量 10份
建議售價 110元／份
成本預估 45元／份
必備器材 大型平盤、蒸籠

材 料

豆腐角4板
糯米豆麴600克
砂糖600克
米酒適量
胡麻油適量

Tips

1. 豆腐角為切成小方塊的豆腐，方塊大小可依瓶罐大小調整較方便堆疊，板豆腐或是老豆腐皆可，可直接向豆腐廠商訂製軟硬度與大小的豆腐。
2. 粗鹽的用量約豆腐重量的1成至2成之間。
3. 糯米豆麴為糯米泡製的黃豆豉，常用於醃製加工用，有糯米和在來米兩種，選用糯米醃製的黃豆豉風味較香甜。糯米豆麴可在批發食品行或乾貨店購買。

做 法

1. 豆腐角洗淨瀝乾水分，排放入大平盤中，均勻撒上適量粗鹽，加蓋醃製3～4天，取出豆腐角日曬風乾約2天，排放入蒸鍋中以大火蒸約30分鐘，取出再次放涼風乾。
2. 取玻璃空瓶，以一層豆腐、一層糯米豆麴和一層糖的順序推排至八分滿，再倒入可淹蓋過所有材料量的米酒。
3. 最後加入適量胡麻油調味，將瓶蓋密封，置於陰暗處泡製約2個月即成。

辣豆腐乳

份量	10份
建議售價	120元／份
成本預估	50元／份
必備器材	大型平盤、蒸籠

材料

豆腐角4板
辣椒粉150克
花椒粉150克
高粱酒適量
胡麻油適量

做法

1. 豆腐角洗淨瀝乾水分，排放入大平盤中，均勻撒上適量粗鹽，加蓋醃製3～4天，取出豆腐角日曬風乾約2天，排放入蒸鍋中以大火蒸約30分鐘，取出再次放涼風乾。

2. 將辣椒粉與花椒粉放入熱鍋中小火炒至散發出香味，盛出備用。

3. 取玻璃空瓶，豆腐角先均勻沾上一層辣椒花椒粉，再順序推排至八分滿，倒入可淹蓋過所有材料量的高粱酒。

4. 最後加入適量胡麻油，將瓶蓋密封，置於陰暗處泡製約2個月即成。

Tips

1. 可添加少許紅麴增添香味與鮮豔色澤。

2. 調味料可加入不同比例的香料粉調配自家風味，例如良薑、陳皮、桂皮、甘草等。

辣蘿蔔乾

份量 12份
建議售價 70元／500克
成本預估 20元／500克
必備器材 鋼盆、大型平盤、大布袋

材 料
白蘿蔔6,000克
鹽1,000克

調味料

A
砂糖450克
淡色醬油250c.c.
香油75c.c.
沙拉油300c.c.

B
白醋300c.c.
辣椒醬適量
米酒適量

做 法

1. 白蘿蔔洗淨，帶皮切厚條塊，撒入鹽拌勻並醃漬一天，中間需搓揉1～2次。
2. 整個裝入大布袋中，以重物或石頭重壓2～3天去除水分。
3. 將所有調味料放入鋼盆中充分拌勻，放入脫水完成的白蘿蔔，加蓋放置24小時以上入味即成。

Tips

1. 未添加防腐劑或抑菌劑需冷藏保存。
2. 脫水後的白蘿蔔條需試吃鹹度後適當的調整。
3. 辣椒醬可選擇單一種或是數種調配即可具有不同的風味。
4. 可略加甘草、八角等調整甘香味。

花椒毛豆

份量　16份
建議售價　50元／300克
成本預估　24元／300克
必備器材　大湯鍋

材料
毛豆莢5,000克
紅辣椒10根
橄欖油適量

調味料
鹽300克	白胡椒1大匙
八角20顆	花椒1小匙
黑胡椒3大匙	

做法

1. 將毛豆莢小心的搓洗乾淨，放入滾水中燙至變為鮮綠色，撈起後立即泡入冷水中，以保持外觀顏色翠綠，待毛豆莢冷卻後撈出瀝乾水分備用。
2. 紅辣椒洗淨，切小段備用。
3. 大湯鍋中倒入1,500c.c.水，放入所有調味料與紅辣椒段拌勻，以中火煮約10分鐘，熄火放涼後加入毛豆莢與橄欖油拌勻，加蓋放入冰箱中冷藏至少3小時，並不時略翻拌使入味均勻即成。

Tips
1. 毛豆莢清洗時不可太用力搓洗以免外皮軟爛。
2. 燙好的毛豆莢立即泡入冷水中，可以保持外皮顏色翠綠。
3. 少量拌入橄欖油可增加毛豆莢的光澤度，同時預防氧化變色。

鹹蜆仔

份量　10份
建議售價　50元／300克
成本預估　22元／300克
必備器材　鋼盆、大湯鍋

材料	調味料
蜆仔3,000克	醬油1杯
大蒜末1/2杯	醬油膏1/2杯
紅辣椒段1/3杯	米酒1/3杯
薑末3大匙	烏醋1/4杯
	白砂糖2大匙

做法

1. 將所有調味料倒入鋼盆中，加入大蒜末、紅辣椒段、薑末拌勻備用成調味醬汁。
2. 蜆仔洗淨後泡水約20分鐘吐沙，再次洗淨放入湯鍋中，加入少量水至剛好淹過，移至瓦斯爐上，靜置至蜆仔微開啟後開小火煮至約9成蜆仔略開，熄火撈出瀝乾水分。
3. 將調味醬汁與蜆仔一起放入鋼盆中拌勻，放入冰箱中冷藏1天後分裝即成。

Tips
1. 蜆仔如果煮至全開，鮮嫩與甜味就會流失。
2. 分裝時調味醬汁也需要平均分配。
3. 調味醬汁需拌至砂糖完全溶化。

韓式泡菜

份量 6份
建議售價 100元／份
成本預估 34元／份
必備器材 鋼盆

材 料

山東大白菜3顆

粗鹽8大匙

洋蔥泥1/2個

蒜泥6大匙

調味料

韓式辣椒粉3/4杯

魚露6大匙

白砂糖2大匙

做 法

1. 山東大白菜對半切開，翻開葉片洗淨後甩乾水分，以手沾取粗鹽均勻的抹在每一片葉片上，正面與背面都需抹勻，靜置約1～2小時至軟化出水，倒除鹽水並稍微搓揉擠乾備用。

2. 將所有調味料和洋蔥泥、蒜泥混和攪拌均勻備用。

3. 將殺青脫水處理好的大白菜放入鋼盆中，倒入混和均勻的調味料，翻開白菜的每一片葉片均勻的抹上調味汁，分裝入密封容器中，放入冰箱冷藏3天後即成。

Tips

1. 粗鹽的用量須視白菜大小調整，1顆白菜約需使用2～3大匙粗鹽。

2. 白菜的葉片越肥厚口感越佳。

3. 不論是殺青脫水時抹鹽或是抹調味汁都必須確實抹到每一個地方，做出來的泡菜色澤、質地與入味程度才會均勻一致。

4. 韓式白菜泡菜多以半顆製作，也可依分裝的容器容量調整大小，分切時需由梗部切成塊狀。

台式泡菜

份量 10份
建議售價 50元／份
成本預估 10元／份
必備器材 鋼盆、小湯鍋

材料

高麗菜3顆
紅蘿蔔1根
嫩薑100克
紅辣椒3根

調味料

鹽8大匙
白砂糖或冰糖100克
白醋100c.c.
白胡椒粉1小匙

做法

1. 高麗菜去梗，撥開葉片洗淨並甩乾水分，以手直接撕成片狀備用。
2. 將紅蘿蔔洗淨去皮後切細絲；嫩薑洗淨瀝乾水分切細絲；紅辣椒洗淨瀝乾水分切片備用。
3. 將高麗菜葉片與紅蘿蔔絲一起放入盆中，均勻撒入鹽，翻拌均勻後靜置20分鐘，倒除鹽水並稍微搓揉擠乾備用。
4. 白醋與白砂糖放入小鍋中小火煮勻，熄火放涼備用。
5. 將所有材料與調味料放入鋼盆中翻拌均勻，分裝至密封容器中，放入冰箱冷藏半天後即成。

Tips

1. 高麗菜葉片略帶綠色口感較清脆，做出來的成品顏色也更具賣相。
2. 分裝時泡菜汁也需均勻分裝，冷藏後需稍微搖晃以免入味不均勻。

剝皮辣椒

份量　15份
建議售價　90元／300克
成本預估　37元／300克
必備器材　大型平盤

材料
細長型青辣椒3,000克

調味料

水2,000c.c.	魚露1/2杯
紹興酒1/2杯	冰糖1杯
蠔油2杯	香油2/3杯
醬油1杯	

做法

1. 將所有調味料放入鍋中，以中火煮滾，改小火續煮至無酒味散出，熄火放涼，加入香油拌勻成調味醬汁備用。

2. 青辣椒洗淨，攤開晾乾至表面完全無水分，切去蒂頭，分次少量放入約220℃的熱油中翻炸約10秒鐘至表面出現白色，快速撈起瀝乾油分並泡入大量冷開水中冷卻，待完全降溫後撈出瀝乾水分，剝除變硬的外皮，對半縱向切開並刮除裡面的籽。

3. 將處理好的青辣椒擦乾水分，整齊排入密封玻璃罐中，倒入足以完全淹蓋青辣椒的調味醬汁，加蓋冷藏浸泡約3～5天即成。

Tips

1. 青辣椒採取油炸去皮的方式，可以增加香味，但時間不宜過長，否則會有脫水變軟與產生苦味的反效果。
2. 青辣椒的選擇上最好大小長短要相近，口感與外觀才能一致。
3. 無添加防腐劑時需冷藏保存。
4. 浸泡醬汁也有單純以油泡製作，風味清爽；也可選擇不同品種的辣椒製作。

鴨翅膀

份量 10份
建議售價 150元／份
成本預估 65元／份
必備器材 炒鍋、大湯鍋、棉布袋

材 料
鴨翅50支

滷汁材料
蔥段1杯
薑片1/2杯
去皮大蒜1/2杯
水9,000cc
醬油2,400cc
白砂糖600克
米酒1杯

滷包材料
草果4顆　　花椒10克
沙薑30克　　桂枝10克
小茴香15克　丁香5克
甘草15克　　陳皮5克
八角15克　　桂皮5克

做 法
1. 草果拍碎與其他滷包材料放入棉布袋中綁好備用。
2. 將滷汁材料中的蔥段、薑片和去皮大蒜拍扁備用。
3. 熱鍋倒入5大匙油燒熱，放入蔥、薑、蒜小火爆香，加入所有滷汁材料與滷包以大火煮開，改小火續煮約15分鐘即為滷汁。
4. 鴨翅洗淨後，放入滾水中燙1分鐘，撈起沖冷水降溫後瀝乾水分備用。
5. 滷汁以大火煮開，放入鴨翅改小火續煮約10分鐘後熄火，撈出鴨翅，待滷汁冷卻後重新放入鴨翅加蓋浸泡至隔日，撈出瀝乾即可分裝。

Tips
1. 滷汁可重複使用當成老滷，但須適度調整味道。
2. 也可大量製作浸泡專用滷汁，製作流程會更為順暢。
3. 短時間滷煮、長時間浸泡入味可兼顧味道與口感，避免鴨翅久煮喪失彈牙口感。

嗆辣小魚乾

份量 13份
建議售價 65元／200克
成本預估 30元／200克
必備器材 大型平盤、
風乾用濾盤

材料
小魚乾2,000克
蒜末1/3杯
嫩薑末3大匙
紅辣椒片1/4杯
蒜味花生600克

調味料
鹽1/2杯
白砂糖1/4杯
米酒1/2杯

Tips
1. 乾製的小魚乾先短時間泡水，香味較容易出來，適當吸收水分後要盡量將表面風乾，才能盡快炒至香酥且不破壞魚身的完整。
2. 翻炒時要以小火炒才能防止產生苦味，也可將小魚乾先油炸至香酥縮短製作時間。
3. 白砂糖可用細冰糖取代。

做法
1. 小魚乾洗淨，泡水3分鐘後瀝乾水分，攤平風乾1小時備用。
2. 所有調味料放入大碗中調勻備用。
3. 起油鍋倒入適量油以中小火燒熱，放入蒜末、嫩薑末及小魚乾改小火拌炒至香酥，加入紅辣椒片與蒜味花生略為拌炒均勻，最後加入調勻的調味料拌炒至吸收，盛出攤平降溫後即可分裝。

花枝丸

份量 18份
建議售價 150元／500克
成本預估 75元／500克
必備器材 絞肉機、電動攪拌機、大湯鍋、大竹篩

材料
花枝9,000克
豬板油800克
蛋白700克

調味料
鹽4大匙
冰糖3大匙
太白粉5大匙
白胡椒粉2大匙

Tips
1. 也可利用機器將花枝漿壓製成丸狀。
2. 湯鍋的滾水如變得混濁則可撈除上層的水並重新補充足夠水量燒開後繼續使用。
3. 一次下太多花枝丸會導致水溫下降過快,下丸子時水勿大滾,否則丸子容易變型。

做法
1. 花枝去除薄膜,洗淨瀝乾水分,先將花枝頭與嘴切成小塊備用。其餘花枝肉,放入冰箱冷藏降溫至5℃左右備用。
2. 豬板油洗淨瀝乾水分,放入冰箱冷藏降溫至5℃左右備用。
3. 將花枝肉和豬板油一起放入絞肉機中絞為泥狀,移入攪拌盆中,加入蛋白和調味料攪打至有彈性,最後加入花枝頭和嘴拌勻,即成花枝漿。
4. 大湯鍋倒入足夠的水煮開,分批將花枝漿以虎口捏成圓球狀放入鍋,改中火煮至浮起,立刻撈出瀝乾水分並攤開放於大竹篩散熱,完全冷卻後即可分裝。

醉雞

份量　10份
建議售價　250元／份
成本預估　130元／份
必備器材　大湯鍋、蒸籠

材料

去骨土雞腿10支
水8杯
紹興酒10杯
薑片80克
蔥段1/3杯
當歸5片
枸杞5大匙
紅棗10粒

調味料

鹽適量
細糖1大匙

做法

1. 去骨雞腿肉洗淨，擦乾水分後均勻抹上適量鹽，稍微整型後排入蒸籠裡靜置15分鐘。
2. 雞腿以大火蒸約25分鐘至熟透，取出立即泡入冷開水中冷卻，蒸汁留下備用。
3. 取大湯鍋加入水大火煮開，再加入少許鹽、當歸、枸杞、紅棗、薑片、蔥段煮至再次滾開，熄火放涼，濾出湯汁加入蒸雞腿的蒸汁和紹興酒拌勻。
4. 將泡冷水的雞腿撈出瀝乾水分，泡入加中藥材和酒煮開的湯汁中，移入冰箱冷藏2天即可分裝。

Tips

1. 除了紹興酒之外，也可選用花雕酒、紅露酒。
2. 增添香味的材料除了選用中藥材，也可使用其他具有香味的材料，例如茶葉、花草香料。
3. 雞腿肉的整形可以簡單的將腿肉回復原本的形狀，或是利用錫箔紙、棉繩、蒸布等包捲成圓筒狀。
4. 如要具有凍汁需減少浸泡湯汁的水量，並直接與雞腿肉蒸熟再加入紹興酒，冷藏後才能成為果凍狀。

鹹豬肉

份量 10份
建議售價 180元／份
成本預估 90元／份
必備器材 鋼盆、大型烤盤、烤箱

材料

帶皮五花肉10塊
（每塊約600克）

醃料

冷開水2杯	沙薑粉5小匙
白醋1杯	肉桂粉5小匙
米酒4杯	話梅30顆
薑末5大匙	黑胡椒粒1杯
白砂糖1杯	鹽4大匙
五香粉5小匙	

做法

1. 五花肉刮淨豬皮，洗淨擦乾水分，風乾1小時。

2. 所有醃料放入鋼盆中混和攪拌均勻靜置15分鐘，再次攪拌均勻後放入風乾的豬肉抹勻，加蓋冷藏浸泡2天以上至完全入味，中間需翻面數次使入味及色澤均勻。

3. 將豬肉平均排入大型烤盤中，表面刷上醃汁，放入預熱好250℃的烤箱中，以上下火均250℃烘烤20～25分鐘，取出表面刷上少許油防止表面變乾，放於陰涼處散熱冷卻後即可分裝。

Tips

1. 醃泡醬汁時間至少要2天，長則可醃泡7～10天，長時間浸泡風味更佳，不過需注意冷藏環境的衛生。

2. 表面刷的油只是為了避免降溫過程中表面流失水分過多而變硬，可使用沙拉油、橄欖油或是香油。

3. 鹹豬肉也可利用蒸的方式烹調，不過因為蒸的水分較多，不如烘烤製成的鹹豬肉適合包裝與運送。

燻雞

份量 2份
建議售價 300元／份
成本預估 160元／份
必備器材 鋼盆、炒鍋、湯鍋、蒸籠、鐵網、大型平盤

材料
雞1隻 蔥段1支 薑片4片
調味料
A
花椒2大匙 鹽1小匙
B
八角2粒 白胡椒1/2大匙
醬油1/3杯
C
黃砂糖1/2杯 麵粉2大匙
茶葉3大匙 麻油1大匙

做法
1. 將調味料**A**放入乾鍋中小火炒至鹽的顏色略黃，盛出放涼備用。
2. 雞內外洗淨擦乾水分，均勻塗抹上炒好的調味料**A**，靜置約3小時後清除花椒粒。
3. 湯鍋內加約2,000c.c.水，放入蔥段、薑片與調味料**B**，大火煮開後小火續煮10分鐘，熄火放入雞浸泡約30分鐘。取出後擦乾水分，放入蒸籠中大火蒸至熟透，取出降溫備用。
4. 炒鍋鍋底鋪上鋁箔紙，放入調味料**C**拌勻，架上鐵網後放上已降溫的雞，加蓋小火燻6分鐘，翻面後再燻5分鐘，熄火燜5分鐘後取出，表面均勻刷上一層香油，冷卻後即可包裝。

Tips
1. 大量製作燻雞時應使用專門的燻箱或燻爐。
2. 燻雞的口味可以利用醃漬與燻的材料變化，也可直接先滷過再燻，滷汁不宜顏色過深以免影響燻出來的色澤。
3. 有香味、耐加熱的材料均可做為燻料，但須注意加熱時間，有些材料加熱過久會有苦味。

滷豆乾

份量 15份
建議售價 60元／400克
成本預估 24元／400克
必備器材 大湯鍋、大型平盤

材料

豆乾6,000克

紅辣椒絲1/4杯

滷汁材料

水4杯	細砂糖1/3杯
醬油1杯	甘草1/2杯
醬油膏1杯	八角1/4杯
沙拉油1/2杯	

做法

1. 豆乾沖水洗淨，放入滾水中汆燙30秒鐘，撈出瀝乾水分後切小方塊備用。
2. 將所有滷汁材料放入大湯鍋中，以大火煮開後，放入豆乾，改小火滷煮約1個半小時至完全入味，撈出豆乾趁熱加入紅辣椒絲拌勻，待降溫後即可分裝。

Tips

1. 煮豆乾時需不時翻動，尤其是大量製作時，否則底部很容易燒焦。
2. 也可選擇現成的方形小豆乾製作，可省去分切的步驟，口感也有不同的特色。
3. 滷豆乾的滷汁建議不要重複使用。
4. 熄火前可試過味道，如尚未完全入味，可視情況續煮30分鐘。

蒜香雞胗

份量 10份
建議售價 60元／份
成本預估 30元／份
必備器材 大湯鍋、大型平盤、棉布袋

做法

1. 草果、荳蔻拍碎與其他滷包材料放入棉布袋中綁好備用。
2. 將滷汁材料中的蔥段、薑片和去皮大蒜拍扁備用。
3. 熱鍋倒入5大匙油燒熱，放入蔥、薑、蒜小火爆香，加入所有滷汁材料與滷包以大火煮開，改小火續煮約15分鐘即為滷汁。
4. 雞胗以刀尖劃開後翻開，去除黃色部分後清洗乾淨，放入滾水中汆燙約1分鐘，撈起沖冷水降溫後瀝乾水分備用。
5. 滷汁以大火煮開，放入雞胗改小火續煮約10分鐘後熄火，撈出雞胗，待滷汁冷卻後重新放入鴨翅加蓋浸泡至隔日，撈出淋上香油與少量滷汁、撒上蒜末、辣椒片、蔥花拌勻，分裝後再冷藏1日即成。

材料

材料	滷汁材料	滷包材料
雞胗100個	蔥段1/2杯	草果7顆
蒜末1杯	薑片1/2杯	荳蔻6顆
辣椒片1/3杯	去皮大蒜1/2杯	沙薑35克
蔥花1/3杯	水9,000cc	甘草20克
調味料	醬油9杯	八角15克
香油3大匙	白砂糖2杯	花椒13克
	米酒3/4杯	小茴香10克
		丁香7克

Tips

1. 滷包材料可至中藥材行調配，可調整項目與比例自創風味。
2. 拌上蒜末、辣椒片、蔥花後不耐久放，建議出貨前再處理此步驟。
3. 此道為冷食做法。

滷花生

份量 20份
建議售價 100元／250克
成本預估 40元／250克
必備器材 大湯鍋、大型平盤、棉布袋

材 料
帶皮花生5,000克
水9,000cc
八角1/4杯

滷汁材料
蔥段1/2杯
薑片1/2杯
去皮大蒜1/2杯
水9,000cc
醬油9杯
白砂糖2杯
米酒1/2杯
滷包1個
（材料請參考P.42蒜香雞胗滷包）

調味料
鹽1/3杯
香油1/2杯

做 法
1. 將滷汁材料中的蔥段、薑片和去皮大蒜拍扁備用。
2. 熱鍋倒入5大匙油燒熱，放入蔥、薑、蒜小火爆香，再加入所有滷汁材料以大火煮開，改小火續煮約15分鐘即為滷汁。
3. 花生洗淨瀝乾水分，放入大湯鍋加入水、八角和鹽，加蓋以大火煮開，改小火燜煮至少1個半小時至完全熟透後熄火，續燜約半小時後撈出，瀝乾水分後放入汁中，加蓋冷藏浸泡至少1日，撈出淋入香油拌勻即可分裝。

Tips
1. 花生分量可視情況增減，滷汁可事先做好備用。
2. 花生可在滷汁熄火後立即放入，如為冷汁則需延長浸泡時間以充分入味。
3. 拌香油可防止花生脫水乾澀，故需拌勻至充分混和，但分裝時需瀝乾多餘油分。

白滷雞腳凍

材 料
去骨雞腳6,000克
紅辣椒末3大匙
紅蘿蔔絲3根
小黃瓜10根

滷汁材料
蔥段 1/4杯
薑片 1/4杯
水5,000 c.c.
白砂糖2/3杯
米酒1/3杯
鹽2大匙
白胡椒1大匙

滷包材料
甘草20公克
花椒10公克
八角10公克
調味料
香油4大匙
鹽1大匙

做 法

1. 去骨雞腳洗淨瀝乾，剁去指甲部份，放入滾水中汆燙約1分鐘後撈起，泡入冷水中冷卻，瀝乾水分備用。蔥段、薑片拍扁備用。
2. 滷包所有材料放入棉布袋中綁好備用。
3. 熱鍋倒入3大匙油燒熱，放入蔥段、薑片小火爆香，再加入所有滷汁材料與滷包以大火煮開，改小火續煮約10分鐘即為滷汁。
4. 將雞腳放入滷汁中以小火續煮約5分鐘後熄火，加蓋浸泡約20分鐘，撈出放涼備用。
5. 小黃瓜洗淨切長段，與紅蘿蔔一起放入鋼盆中，撒入鹽抓拌均勻，靜置15分鐘後倒除水分，加入適量滷汁、雞腳、紅辣椒末與香油混和均勻，加蓋冷藏1日即可分裝。

Tips

1. 此為冷食的白滷雞腳。
2. 紅滷做法則不再另添加小黃瓜、紅蘿蔔絲等配料，可參考 P.42蒜香雞胗。
3. 雞腳膠質含量高，長時間滷煮容易失去彈性，需以浸泡入味方式調理。

滷牛肚

份量　10份
建議售價　300元／300克
成本預估　165元／300克
必備器材　大湯鍋、大型平盤

材料
牛肚3,000克

滷汁材料
蔥段1杯　　　冰糖2大匙
薑片1/4杯　　八角4個
紅辣椒段2支　醬油2杯
水5,000c.c.　沙拉油5大匙
米酒2杯　　　市售五香包2個

做法

1. 牛肚洗淨，與1杯米酒一起放入滾水中大火燙煮15分鐘，撈出瀝乾分切成中等大小並將表面修齊備用。

2. 熱鍋倒入3大匙油燒熱，放入蔥段、薑片和紅辣椒段以小火爆香，再加入所有滷汁材料以大火煮開，改小火續煮約10分鐘即為滷汁。

3. 將牛肚放入滷汁中以大火煮開，改中火滷煮約1小時，撈除牛肚以外的材料再續煮約1小時後，熄火燜約1小時，撈出放涼後切片即可包裝。

Tips

1. 牛肚具有皺摺，如果拌上香油預防脫水，皺褶處會蓄積過多油分；直接在滷汁中加入少量油分也可有相同的效果。

2. 牛肚的腥味較重，清洗時需要更仔細，燙的時候加點米酒去腥效果更強。

3. 牛肚要熟透比較花時間，因此大多數的人會喜歡買現成的，也常再做成其他料理，所以在調味上不需要太重，以去腥增香為重點。

香滷豬腳

份量 16份
建議售價 120元／份
成本預估 50元／份
必備器材 鋼盆、炒鍋、大湯鍋、大型平盤、棉布袋

材 料

豬腳4隻（約5,000克）

蔥段1杯

去皮大蒜15顆

醬油1/2杯

香油5大匙

滷汁材料

清水3,000c.c.

醬油3杯

黃砂糖3大匙

紹興酒1/3杯

滷包材料

八角10粒

桂皮10克

甘草10克

沙薑10克

做 法

1. 將豬腳表面刮乾淨，洗淨瀝乾水分，切成大塊狀放入滾水中燙數分鐘至顏色變白，撈出再次洗淨瀝乾水分，放入鋼盆中，加入醬油翻拌浸泡約5分鐘並不時翻拌讓表皮均勻吸收醬色。

2. 大蒜拍碎，滷包材料全部放入棉布袋中綁好備用。

3. 熱鍋倒入1/2杯油燒熱，放入蔥段和大蒜爆香，加入豬腳塊拌炒至外皮略呈金黃色澤時盛起，瀝乾油分備用。

4. 將所有滷汁材料放入大湯鍋中大火煮開，放入豬腳拌勻，改小火煮60分鐘，熄火續燜20分鐘，撈出淋上香油拌勻放涼後即可包裝。

Tips

1. 滷煮時間視豬腳塊大小與所要的軟爛程度而定，可自行調整時間。

2. 包裝時應略附滷汁，豬腳滷汁可做為沾醬使用。

3. 滷包以去腥及增加甘香風味為主，勿使用味道過重的滷包。

4. 豬皮不宜久泡湯汁，口感會越來越軟爛。

滷牛腱

份量 5份
建議售價 350元／個
成本預估 220元／個
必備器材 大湯鍋、大型平盤、棉布袋

材料	滷汁材料	滷包材料
牛腱5個	醬油4杯	花椒3大匙
香油2大匙	水4,000c.c.	八角12顆
	蔥段1杯	陳皮10克
	薑片1/4杯	小茴香2大匙
	紅辣椒段8支	

做 法

1. 滷包材料全部放入棉布袋中綁好備用。
2. 牛腱洗淨，放入滾水中汆燙30秒鐘，撈出再次洗淨瀝乾水分備用。
3. 熱鍋倒入3大匙油燒熱，放入蔥段、薑片和紅辣椒段以小火爆香，加入所有滷汁材料與滷包以大火煮開，改小火續煮約10分鐘即為滷汁。
4. 將牛腱放入滷汁中大火煮約10分鐘，改小火續煮1小時，熄火浸泡約5小時，撈出均勻淋上香油，放涼後即可包裝。

Tips

1. 牛腱有大有小，採購的時候必須挑選大小相近的，味道與口感才能統一。
2. 牛腱可以分切成適當的大小再烹調，不過原則上以形狀完整較佳。
3. 滷煮時間需隨牛腱大小調整，熟度夠了即可熄火，入味程度可利用浸泡時間調整。

Part three
OL甜點

正餐吃完吃布丁，
下午茶配磅蛋糕，
拜訪朋友帶蛋卷，
學會OL甜點上網賣，
兼差收入跟著來。

焦糖布丁

份量 20個
建議售價 35元／個
成本預估 17.5元／個
必備器材 鋼盆、耐熱刮刀
、烤箱、大型平盤

材　料	焦糖材料
全蛋液640克	細砂糖200克
細砂糖200克	麥芽糖60克
鮮奶600c.c.	熱水50c.c.
鮮奶油1,000克	
白蘭地酒50c.c.	
鹽8克	

Tips

1. 煮焦糖液時須小火以防止產生苦味，可利用沾水的毛刷清刷煮鍋邊緣，避免鍋緣的糖液燒焦。
2. 布丁杯需附蓋，也可利用不同的模型容器做成分量較大的布丁。
3. 焦糖液也可在布丁烤好後淋在上層。

做 法

1. 將所有焦糖材料放入小煮鍋中，以小火邊攪拌邊煮至呈深褐色即為焦糖液，適量先裝入布丁杯中靜置備用。
2. 全蛋液倒入鋼盆中與細砂糖一起攪拌均勻，加入鮮奶、鮮奶油、白蘭地酒和鹽再次攪拌均勻後，過濾2次即為布丁液。
3. 倒入已裝有焦糖液的布丁杯中，放入裝有適量水的烤盤，移入預熱好150℃的烤箱，以上、下火均150℃隔水烤約50分鐘，取出冷卻後加蓋冷藏即成。

水果奶酪

份量 20個
建議售價 30元／個
成本預估 12.5元／個
必備器材 鋼盆、單柄煮鍋
、大型平盤

材 料

鮮奶600c.c.
鮮奶油600克
細砂糖300克
吉利丁30克
香草精3滴

果醬泥凍材料

果泥或果肉200克
水200c.c.
細砂糖60克
吉利丁3克

做 法

1. **製作果醬泥凍**：將吉利丁泡水
   至軟化。果泥或果肉、水、細
   砂糖放入單柄鍋中拌勻以小火
   煮開，續煮3分鐘後熄火，加
   入軟化的吉利丁攪拌至溶化拌
   勻，靜置至完全冷卻即成。
2. 吉利丁泡水至軟化。
3. 將鮮奶、鮮奶油和細砂糖倒入
   鋼盆中拌勻加熱至約85℃，熄
   火後加入軟化的吉利丁攪拌至
   溶化拌勻，最後滴入香草精拌
   勻。
4. 稍冷卻後，倒入布丁杯中至約8
   分滿，排入大平盤中加蓋移入
   冰箱冷藏約1小時至完全凝固。
5. 取出完全凝固奶酪，加入冷卻
   的果醬泥凍，再次加蓋移入冰
   箱冷藏至少2小時即成。

Tips

1. 奶酪與果醬泥凍可利用吉利丁的份量
   調整軟硬度。
2. 果醬泥凍適合選擇膠質含量豐富且顏
   色鮮豔的新鮮水果，例如芒果、草
   莓、藍莓等，果泥口感最細緻，帶點
   果粒則更有價值感。

網拍美食創業寶典
Part three
OL甜點

涼糕

份量 20份
建議售價 100元／350克
成本預估 22元／350克
必備器材 鋼盆、大型平盤、
大湯鍋

材 料

澄粉1,200克
太白粉240克
玉米粉400克
糖飴730克
細砂糖370克
水3,000c.c.
熟太白粉適量

內餡材料

綠豆沙2,000克
紅豆沙2,000克
花生餡2,000克

做 法

1. 將澄粉、太白粉和玉米粉放入鋼盆中,加入1,500c.c.的水拌勻成粉漿備用。

2. 將糖飴、細砂糖放入煮鍋中加入1,500c.c.的水拌勻以中小火煮開,改小火淋入粉漿
拌煮至成透明糊狀,趁熱倒入乾淨抹油的大平盤中,厚度約0.2～0.3公分,冷卻後
加蓋放入冰箱中冷藏定型。

3. 待完全定型後取出,分切成相同大小的8大片,將4片疊起放入任一內餡鋪平,再繼
續堆疊上另4片,表面撒上熟太白粉,分切成適當的大小即可包裝。

Tips

1. 內餡材料可在烘焙材料行購買現成品,略帶
顆粒者口感較佳

2. 如自製內餡記得要事先預留顆粒狀材料,剩
餘材料製作成泥後最後再混合。

3. 熟太白的做法:將太白粉以平底鍋乾炒數分
鐘即成。

嫩仙草

份量 5份
建議售價 120元／份
成本預估 24元／份
必備器材 大湯鍋、細濾網

材料

仙草600克
水40,000c.c.（40公升）
鹼粉1大匙
日本太白粉1杯

調味料

細砂糖6杯

做 法

1. 將仙草枝葉稍微沖洗乾淨，剪短後與水、鹼粉一起放入大湯鍋中，大火煮開後改小火加蓋續煮約3小時，以細濾網濾出仙草湯汁備用。

2. 將仙草湯汁倒入另一大湯鍋中續煮至滾，加入細紗糖煮勻，再次滾開後分次淋入以1杯水調勻的日本太白粉，小火續煮1分鐘後熄火，靜置至溫度略降後分裝，移入冰箱冷藏至完全凝固定型即成。

Tips

1. 小火熬煮時鍋邊要留一點小縫透氣。
2. 甜度與軟硬度可自行調整。仙草的軟硬度以太白粉水的量調整。
3. 仙草必須熬煮較長的時間凝固力較足。
4. 使用日本太白粉的嫩度較適中，也能以其他有凝固力的粉料替代。

銅鑼燒

份量 30份
建議售價 60元／5個
成本預估 25元／5個
必備器材 鋼盆、平底煎鍋、散熱架

材料	蜜豆沙餡
低筋麵粉2,000克	紅豆1,200克
奶粉250克	水3,000c.c.
泡打粉10克	黃砂糖1,000克
蘇打粉2.5克	鹽少許
全蛋1,500克	
細砂糖900克	
蜂蜜400克	
奶水1,200c.c.	
沙拉油200克	
香草精10滴	
蜜豆沙餡適量	

做法

1. 將低筋麵粉、奶粉、泡打粉和蘇打粉混和過篩備用。
2. 蛋放入鋼盆中攪打至起泡，加入細砂糖續攪打至成為乳白色，加入蜂蜜拌勻，分次加入混勻的粉類攪拌均勻，最後加入奶水拌勻，封上保鮮膜移入冰箱冷藏至少30分鐘即成麵糊。
3. 平底煎鍋加熱至約180℃，塗上薄薄一層奶油，倒入適量麵糊以小火煎至起泡後翻面，續煎約30秒鐘盛出，重複做法至所有麵糊用完，將所有餅皮置於散熱架上散熱降溫備用。
4. 每兩片餅皮夾入適量蜜豆沙，兩手稍稍壓緊即成，重複此做法至材料用完即可包裝。

Tips

1. 奶水可酌量以水取代。
2. 大量煎餅皮時，中間需重覆為煎鍋抹油。
3. 內餡口味可自行替換。

蜜豆沙餡做法

1. 紅豆洗淨泡水1小時，放入滾水中燙煮5分鐘，撈出與水一起放入快鍋中以中火煮至汽笛響起，改小火續煮15分鐘，熄火備用。
2. 另取炒鍋，放入煮好的紅豆餡，和黃砂糖、鹽，以小火拌炒至湯汁收乾，熄火放涼即成。

餅乾（巧克力豆/奶香核桃）

份量 10份
建議售價 80元／份
成本預估 35元／份
必備器材 打蛋器、鋼盆、橡皮刮刀、擀麵棍、烤盤、烤箱、蛋糕刀

材料

低筋麵粉1,100克

泡打粉6克

奶油800克

糖粉500克

全蛋200克

碎核桃（或巧克力豆）300克

做法

1. 低筋麵粉、泡打粉混和過篩備用。
2. 將奶油放入鋼盆中，篩入糖粉打發至呈絨毛狀（圖1），分次加入全蛋拌勻（圖2），加入混勻的低筋麵粉和泡打粉攪拌均勻（圖3），最後加入碎核桃拌勻即成麵糰（圖4）。
3. 取出麵糰，以擀麵棍整形為數個切面為餅乾大小的小長方條，以保鮮膜包好放入冰箱冷藏約3小時後取出（圖5），再分切成約0.5公分厚的片，整齊排入烤盤中，移入預熱180℃的烤箱以上火210℃、下火150℃烘烤約12分鐘即可。

Tips

1. 此類餅乾又稱為冰箱小西餅，碎核桃可換成其他堅果、雜糧或巧克力豆等耐烘烤的材料，變化不同的口味。
2. 可整形成不同大小的長方條，或是利用模型壓出不同的形狀後再烘烤。
3. 可適量加入奶粉增添香氣。

磅蛋糕

份量 15份
建議售價 180元／個
成本預估 98元／個
必備器材 電動攪拌機、鋼盆、橡皮刮刀、烤盤、烤箱、水果條模型

材料

低筋麵粉900克	鹽15克
發粉7克	全蛋液800克
白油360克	奶水150克
奶油450克	杏仁片適量
細砂糖900克	

Tips

1. 攪拌時須不時暫停，利用刮刀將盆邊的材料刮入盆中才能充分混和均勻。
2. 麵糊中可加入少量糖漬水果或果乾變化口味，如糖漬柳橙、蔓越莓。
3. 入烤箱前可在麵糊表面縱向畫出刀紋，烘烤後即能出現漂亮的裂口。

做法

1. 低筋麵粉和發粉混和過篩；奶油於室溫中軟化備用。

2. 白油和奶油放入攪拌盆，以漿狀攪拌器中速攪拌至柔軟，加入混勻的低筋麵粉和發粉改低速攪拌約2分鐘，再改高速攪拌約10分鐘至呈現乳白色鬆發狀，續加入細砂糖和鹽以中速攪拌約3分鐘至略顯濕潤，分次加入全蛋液，以中速拌勻置完全吸收，最後慢慢加入奶水，中速攪拌均勻至質地細緻亮白即為麵糊。

3. 烤模鋪上烤焙紙，再倒入適量的麵糊，撒上適量杏仁片，移入預熱好180℃的烤箱以上火180℃、下火200℃，烤約40分鐘，取出放於散熱架上冷卻即可包裝。

巧克力布朗尼

份量 8份
建議售價 100元／6塊
成本預估 45元／6塊
必備器材 打蛋器、鋼盆、
橡皮刮刀、烤盤、烤箱、
蛋糕刀

材料

奶油200克

苦甜巧克力300克

細砂糖250克

全蛋液280克

可可粉20克

低筋麵粉140克

碎核桃200克

做法

1. 可可粉與低筋麵粉混和過篩備用。

2. 將奶油與苦甜巧克力一起放入鋼盆中，隔水加熱至融化並攪拌均勻。

3. 全蛋液與細砂糖放入另一鋼盆中，打至沾取不滴落的狀態，加入混勻的低筋麵粉和可可粉拌勻。

4. 將2個鋼盆的材料混和在一起拌勻，最後加入碎核桃拌勻即成麵糊。

5. 麵糊倒入舖好烤盤紙的烤盤，抹平並移入預熱好的烤箱以上火200℃、下火160℃烘烤約20分鐘，關火以餘溫續烘烤約10分鐘後取出，靜置至完全冷卻，脫模後分切即可包裝。

Tips

1. 可適量增添白蘭地、蘭姆酒等增加香氣與風味。

2. 布朗尼一般分切成小方塊狀。

3. 可少量增添沙拉油調整口感的濕潤度。

4. 分切成5公分 × 5公分方塊。

杏仁瓦片

份量 10份
建議售價 100元／200克
成本預估 45元／200克
必備器材 打蛋器、鋼盆、
橡皮刮刀、烤盤、烤箱

材料

杏仁片1,500克
全蛋液300克
蛋白液500克
低筋麵粉400克
糖粉800克
鹽5克
香草精5滴
奶油250克

做法

1. 糖粉與低筋麵粉混合過篩備用。
2. 奶油隔水加熱至融化備用。
3. 蛋白液與全蛋液放入鋼盆中攪拌均勻，加入混勻的低筋麵粉和糖粉攪拌均勻，放入杏仁片、香草精和融化的奶油混和均勻，封上保鮮膜移入冰箱冷藏約1小時即為麵糊。
4. 將麵糊以大匙挖取適量倒入鋪有烤焙紙的烤盤上，再以大匙背面攤開成厚度均勻的圓形，移入預熱好的烤箱以上下火均130℃烤約20分鐘，將上火調至160℃續烤至表面成為金黃色，取出放涼降溫後即可包裝。

Tips

1. 奶油需融化但是溫度不能過高，只要保持液態即可。
2. 杏仁瓦片薄且脆度高，包裝時須小心破碎，以免造成損耗。
3. 杏仁瓦片攤得越薄脆度也會越高。
4. 相同做法也可製作其他口味的堅果薄片。

藍莓起司蛋糕

份量 1份
建議售價 650元／個
成本預估 293元／個
必備器材 打蛋器、鋼盆、
橡皮刮刀、8吋蛋糕模型、
抹刀、烤箱、蛋糕

材料

Cream Cheese480克　　檸檬汁20c.c.

細砂糖80克　　　　　藍莓醬300克

玉米粉30克　　　　　消化餅乾250克

全蛋液80克　　　　　無鹽奶油200克

鮮奶油45克

做法

1. 消化餅乾放入塑膠袋中敲碎，倒入鋼盆中；無鹽奶油融化成液狀後一起加入混和均勻至完全吸收。

2. 蛋糕模型抹上少許融化的奶油，均勻放入奶油餅乾碎稍微壓平為蛋糕底，封上保鮮膜移入冰箱中冷凍定型備用。

3. Cream Cheese放入另一鋼盆中攪拌至軟化，加入細砂糖與玉米粉拌勻，再依序加入全蛋液拌勻、鮮奶油、檸檬汁混和均勻，倒入蛋糕模型中，抹平表面，移入預熱好的烤箱以上火180℃、下火180℃隔水烘烤約50分鐘。

4. 起司蛋糕烤好後取出，靜置至完全冷卻，脫模後移入冰箱冷藏至少4小時，待冰透後取出抹上藍莓醬，邊緣以打發的鮮奶油裝飾即成。

Tips

1. 藍莓醬建議使用藍莓派餡罐頭，因其調配適中的濃淡口感與味道很適合起士蛋糕的風味。
2. 此為中等比例乳酪蛋糕做法，不加藍莓醬而抹上適量果膠即為原味中乳酪蛋糕。
3. 麵糊可加少許蘭姆酒增添風味。

輕乳酪蛋糕

份量　1份
建議售價　600元／個
成本預估　265元／個
必備器材　電動攪拌器、鋼盆、橡皮刮刀、
6吋蛋糕模、抹刀、烤箱、蛋刀

Cream Cheese226克　　鮮奶油50克
雞蛋4顆　　　　　　細砂糖180克
牛奶130克　　　　　檸檬汁20克
玉米粉30克

做法

1. 雞蛋分為蛋黃與蛋白。
2. 將玉米粉與50克牛奶攪拌均勻。
3. Cream Cheese放入鋼盆中隔熱水加熱攪拌至軟化（圖1），放入攪拌缸加入80克細砂糖與剩餘的牛奶拌勻，依序加入攪均的玉米粉和牛奶、鮮奶油和稍微攪散的蛋黃（圖2），均勻攪拌成乳酪麵糊。
4. 將蛋白放入另一無水的鋼盆，加入100克細砂糖與檸檬汁攪拌至中性發泡（圖3），挖取1/3放入乳酪麵糊中拌勻（圖4），再將所有乳酪麵糊倒入蛋白麵糊中以刮刀翻拌均勻即成蛋糕麵糊。
5. 蛋糕模型抹上少許融化的奶油（圖5），倒入蛋糕麵糊（圖6），放入烤盤中移入預熱100℃的烤箱，以上火200℃、下火100℃隔水烘烤20分鐘，關上火僅以下火續烤50分鐘，取出，靜置至完全冷卻，脫模後移入冰箱冷藏至少4小時即成。

Tips
1. 隔水烘烤即為將蛋糕模型放在水盤中再移入烤箱烘烤，水盤的高度至少需蛋糕模型的一半，烘烤過程中須注意事時增加盤中的水量，中途加水需添加溫水，以免蛋糕迅速降溫。
2. 此為輕乳酪蛋糕，味道較為清爽不膩口，做法則較為複雜，蛋糕組織好壞依賴蛋白發泡的掌握，兩種麵糊混和後須盡快進行烘烤，以免氣泡消失造成蛋糕塌陷。

牛軋糖

份量 5份
建議售價 200元／450克
成本預估 90元／450克
必備器材 電動攪拌機、鋼盆、溫度計、大型平盤、擀麵棍

材料

A 麥芽700克
　細砂糖350克
　水200c.c.

B 義大利蛋白霜70克
　水70c.c.

C 鹽7克
　奶粉200克
　奶油180克
　烤熟的杏仁果1,000克

做法

1. A料放入鍋中煮至滾沸，改轉小火煮至125℃（圖1），加入鹽拌勻（圖2），續煮至溫度達133℃時熄火。

2. B料放入鋼盆中以中速打至乾性發泡（圖3），加入A料以慢速攪拌均勻（圖4），續將奶粉及隔水融化的奶油倒入拌勻（圖5），最後加入杏仁果攪拌均勻成牛軋糖奶糊（圖6）。

口味變化～ 抹茶牛軋糖

抹茶口味的基本配方與做法都和原味相同，只要在添加奶粉時同時加入約15克的抹茶粉一起拌勻即可。

Tips

1. 奶粉的量可依所希望的奶香程度自由調整；奶粉的份量可適量以杏仁粉取代，風味與營養更具特色。

2. 粉狀的義大利蛋白霜在烘焙材料行均有售，加入相同重量的水攪拌還原即為蛋白霜，也可使用蛋白直接打發，不過新鮮的蛋白穩定度較低。

3. 蛋白霜需攪拌至體積約膨脹5倍且質地略為堅硬的狀態，切記不可攪拌過頭或攪拌好後放置過久。

4. 糖漿溫度應至少煮至130℃，最高續煮至143℃即可，溫度越高成品的口感越硬。

5. 所有材料混和均勻後攪拌時間越長口感越韌，最多攪拌至以手摸起來不黏為原則，過度攪拌則反而破壞應有的質地。

6. 加長攪拌時間時須注意維持溫度，否則溫度降低過多糖塊便開始變硬。

7. 堅果的種類與份量皆可自由調整。

手工蛋卷

份量　　　7份
────────────
　　　　100元／200克
　　　　48元／200克
　　　　鋼盆、蛋卷烤盤、
大型平盤、散熱架

材料

無水奶油400克　　低筋麵粉350克
細砂糖400克　　　香草粉1大匙
全蛋液480克

做法

1. 低筋麵粉和香草粉過篩備用。
2. 無水奶油放入鋼盆中降溫軟化，加入細砂糖攪拌均勻至無顆粒感（圖1），加入全蛋液續攪拌至完全吸收（圖2），倒入已過篩的粉類快速攪拌均勻（圖3），封上保鮮膜移入冰箱冷藏鬆弛約1個小時備用。
3. 將蛋卷烤盤以小火燒熱，抹上一層薄薄的奶油，中央倒入適量蛋卷麵糊（圖4），立即蓋上上蓋並略壓至麵糊均勻展開，待香味散出後翻面續烤約5秒鐘，開蓋以鐵棒從內向外捲起取出，放於散熱架上降溫，冷卻後立即密封包裝即成。

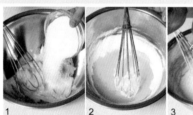

蛋卷烤盤

Tips

1. 如果覺得麵糊過稠不好製作，可適量添加少許牛奶或鮮奶油調整。
2. 蛋卷一定要完全降溫至室溫才可包裝，否則包裝後會產生水氣並軟化，且冷卻後須立刻密封包裝否則反而會吸收空氣中的水分。
3. 使用低筋麵粉成品的口感較為鬆軟，麵粉筋度越高口感越脆硬。
4. 奶油與糖攪拌時可拌久一些，讓內部的空氣含量越多且氣泡越細小，做出來的成品質地越細緻。
5. 也可單用蛋白製作，蛋卷顏色更為潔白。
6. 麵糊可加入芝麻或碎堅果做為口味的變化。

澎湖黑糖糕

份量 3份
建議售價　100元／500克
成本預估　46.6元／500克
必備器材　鋼盆、蒸籠、
平盤、散熱架

材 料

水600c.c.

黑糖600克

中筋麵粉600克

在來米粉300克

發粉40克

沙拉油2大匙

烤熟核桃150克

炒熟白芝麻少許

Tips

1. 包裝前可在表面刷上一層濃的黑糖水再撒上
   白芝麻，讓表面顏色更鮮豔。
2. 少量的沙拉油可以幫助黑糖糕的口感較濕潤
   不致過乾。

做 法

1. 將水倒入鍋中大火煮開，放入黑糖以
   小火煮至完全溶解，熄火放涼備用。
2. 中筋麵粉、在來米粉和發粉一起混和
   過篩，倒入黑糖水中攪拌均勻，加入
   沙拉油攪拌至吸收，最後加入烤熟的
   核桃拌勻。
3. 倒入平盤中抹勻，均勻撒上炒熟的白
   芝麻，移入蒸籠中以大火蒸約25分
   鐘，取出脫模散熱，分切成小塊即可
   包裝。

桂圓蛋糕

份量 4份
建議售價 180元／8個
成本預估 67.5元／8個
必備器材 電動攪拌機、鋼盆、
烤箱、大型平盤、散熱架

材料

桂圓肉400克　　全蛋液400克
養樂多300c.c.　二砂糖300克
蘭姆酒25c.c.　　沙拉油300克
低筋麵粉500克　鹽10克
泡打粉20克　　　烤熟核桃碎粒150克
小蘇打14克

做法

1. 桂圓撕成小片或切碎，放入混和盆中倒入養樂多浸泡至完全吸收，再加入蘭姆酒拌勻浸泡備用。

2. 將低筋麵粉、泡打粉、小蘇打一起過篩2次備用。

3. 將全蛋液倒入鋼盆中稍微攪散，再加入二砂糖和鹽以中速攪拌至無顆粒，續加入過篩的所有粉類材料攪拌均勻，分次加入沙拉油攪拌至麵糊光滑濕潤，最後加入潤濕的桂圓攪拌約3分鐘即為蛋糕麵糊。

4. 將蛋糕麵糊倒入紙杯模型中約6分滿，分別撒上烤熟核桃碎粒，移入預熱190℃的烤箱中以上、下火均190℃烘烤約25分鐘，取出放涼後即可包裝。

Tips

1. 桂圓乾必須先充分泡軟，味道才容易散發且混和入蛋糕中，烘烤後也能保持柔軟度。
2. 如烘烤時蛋糕無法順利膨起，則需將烘烤溫度略調高。
3. 膨脹體積較大，因此麵糊不可超過模型的7分滿，否則會溢出杯外。

月餅

份量 5份
建議售價 300元／12個
成本預估 96元／12個
必備器材 鋼盆、烤箱、
烤盤、月餅模型

餅皮材料

沙拉油20克　　　　低筋麵粉570克

麥芽糖70克　　　　奶粉70克

奶油70克　　　　　泡打粉3克

糖粉180克　　　　 小蘇打粉3克

全蛋液180克　　　 蛋黃液適量

內餡材料

紅豆沙3,000克

鹹蛋黃30個

做法

1. 取35克低筋麵粉與奶粉、泡打粉、小蘇打粉一起混和過篩。紅豆沙分割成每個50克的小塊後搓圓備用。鹹蛋黃以適量米酒泡洗約30秒鐘（圖1），撈出瀝乾後對半切開並搓圓備用。

2. 將沙拉油、麥芽糖放入鋼盆稍微攪拌（圖2），加入已事先軟化的奶油攪拌均勻，篩入糖粉攪拌，分次加入全蛋液慢慢拌勻至吸收，加入已過篩的粉類攪拌均勻成麵糊，封上保鮮膜（圖3）靜置鬆弛約30分鐘。

3. 剩餘的低筋麵粉過篩，倒在檯面上圍成粉牆，將鬆弛後的麵糊倒入粉牆中央（圖4），周圍粉料分次刮入中央混和拌勻並搓揉成糰狀，分成60個約20克的小麵糰。

4. 取一個小麵糰，稍稍壓扁後，依序將處理好的紅豆沙與鹹蛋黃放置於中央，以虎口將餅皮慢慢收緊（圖5），重複上述做法至材料用完為止。

5. 將包好的月餅沾上少許麵粉，放入月餅模型中，以手壓模型的方式修整形狀，將模型左、右、下各敲一下後脫模（圖6），間隔排入烤盤，表面均勻刷上一層蛋黃液，移入預熱230℃的烤箱以上、下火均230℃烤約20分鐘，取出放涼後即可包裝。

1　　2　　3　　4　　5　　6

Tips

1. 鹹蛋黃以酒泡洗可增加香氣並避免在清洗時吸收水分，也可使用其它透明或黃色的酒清洗。
2. 餅皮、鹹蛋黃與豆沙餡的份量可適當調整，不過調整時須同時衡量模型的尺寸。
3. 現成的市售豆沙餡如果較硬可加少許沙拉油調整。

蛋黃酥

份量 4份
建議售價 200元／10個
成本預估 70元／10個
必備器材 鋼盆、擀麵棍、
烤箱、封口機

油皮材料
中筋麵粉320克
糖粉70克
酥油120克
溫水150c.c.

油酥材料
低筋麵粉440克
酥油220克

裝飾材料
黑芝麻 少許
蛋黃液 適量

餡料材料
豆沙1,000克
鹹蛋黃40顆

做法

1. 鹹蛋黃加入適量米酒浸泡約3分鐘，撈出放入預熱好的烤箱以190℃烤約5分鐘，取出放涼備用。豆沙分成每個約25克的小塊搓圓備用。

2. **製作油皮**：中筋麵粉和糖粉過篩於鋼盆中，加入酥油揉搓至吸收，倒入溫水揉勻成略帶彈性的麵糰，以保鮮膜包好，靜置鬆弛約10分鐘後即成油皮，分成40個約16克的小麵糰備用。

3. **製作油酥**：低筋麵粉和酥油混和攪拌均勻，用手搓揉至油酥成糰即成油酥（圖1），分成40個約15克的小麵糰備用。

4. 取一個油皮小麵糰擀壓開來，中央放入一個油酥小麵糰收口包好（圖2），收口朝上以擀麵棍由中間向上下擀開後捲起（圖3），轉90度再重覆一次擀平與捲起的動作（圖4），封上保鮮膜靜置鬆弛約10分鐘備用。

5. 再次擀開油酥油皮麵糰，包入處理好的豆沙及鹹蛋黃收口捏緊，重複上述做法至材料用完為止，收口朝下排入烤盤中，頂端塗上2輪蛋黃液，撒上少許黑芝麻，移入預熱230℃的烤箱以上、下火均230℃烤約18分鐘，取出放涼後即可包裝。

1

2

3

4

Tips

1. 鹹蛋黃事先低溫烘烤一下可以使香味與口感更濃厚細緻。

2. 捲起擀平的步驟可多重複幾次增加外皮的層次。

3. 豆沙餡中可適量加入堅果顆粒增加風味。

4. 酥油的成分各家不同，進貨時建議先詢問清楚以免使用含有反式脂肪酸的材料。

鳳梨酥

份量 6份
建議售價 240元／10個
成本預估 105元／10個
必備器材 鋼盆、烤箱、
烤盤、模型

麵皮材料

酥油200克	奶油200克
糖粉150克	全蛋液200克
低筋麵粉600克	奶粉60克
杏仁粉50克	起士粉40克
鹽6克	

內餡材料

鳳梨餡1,500克

做 法

1. 糖粉過篩；低筋麵粉、奶粉、杏仁粉、起士粉一起混和過篩備用。鳳梨餡分成每個約25克大小的小塊並搓圓備用。

2. 製作鳳梨酥麵皮：酥油和奶油放入鋼盆中稍微拌勻（圖1），加入糖粉拌勻至顏色均勻（圖2），分次加入全蛋液拌勻至完全吸收（圖3），最後加入過篩的綜合粉料和鹽混和揉勻至光滑（圖4）即為麵皮，封上保鮮膜移入冰箱冷藏靜置約1小時。

3. 將麵皮分成每個約25克大小的小塊，搓圓後壓成均勻的圓片，中央放入1個鳳梨內餡（圖5），收口後放進模型中按壓整形（圖6），連同模型一起排入烤盤中，放入預熱150℃的烤箱中以上火150℃、下火180℃烤約20分鐘，翻面後續烤約15分鐘，取出稍微降溫後脫模，待完全降溫後即可包裝。

1 2 3 4 5 6

鳳梨酥模型

Tips

1. 麵皮可再加入1顆蛋黃增加金黃色澤，增添少量奶水或煉乳則可增加柔軟度，但須適量以免降低酥鬆的口感。

2. 鳳梨酥模型正規尺寸有50克與30克兩種，形狀則以方型或長方型居多，也可利用不同形狀的模型，單一份量須先做測試。

3. 麵皮與內餡的比例約1比1，麵皮可稍微多一些。

4. 現成的鳳梨內餡可添加適量奶油、奶香粉、鹽調整甜度與風味。

5. 奶油如選用有鹽奶油則不須另外加鹽調整甜味。

6. 麵皮不需過度揉搓以免烘烤後過於硬實。

鳳凰酥

材料

鳳梨酥麵皮1份
（材料及做法參考P.75）
鳳梨膏1,000克
鹹蛋黃12個
米酒適量
奶油100克

做法

1. 麵皮分成每個約15克大小的小塊並搓圓備用。

2. **製作內餡**：鹹蛋黃淋上適量米酒，以150℃烘烤約10分鐘，取出放入鋼盆中壓碎，加入鳳梨膏和融化的奶油混和揉勻搓成條狀，分割成每個約15克的小塊狀。

3. 將麵皮壓成均勻的圓片，中央放入1個內餡，收口後放進模型中按壓整形，連同模型一起排入烤盤中，放入預熱150℃的烤箱中以上火150℃、下火180℃烤約20分鐘，翻面後續烤約15分鐘，取出稍微降溫後脫模，待完全降溫後即可包裝。

Tips

1. 內餡可替換成冬瓜醬或其他水果醬，即可變換不同口味的水果酥，水果醬可加奶油與鹽調味。

2. 麵皮一次可包不同餡料製作。

奶油核桃雪球

份量 5份
建議售價 100元／16個
成本預估 40元／16個
必備器材 鋼盆、烤箱、烤盤

無鹽奶油360克　低筋麵粉400克
細砂糖120克　　杏仁粉100克
鹽4克　　　　　碎核桃200克
溫水20克　　　　防潮糖粉適量
香草精4克

1. 低筋麵粉與杏仁粉一起混和過篩備用。
2. 無鹽奶油放入鋼盆中，軟化後加入細砂糖和鹽攪拌至顏色略為變淡，加入溫水與香草精攪拌均勻，加入過篩的粉類以刮刀混和均勻，最後加入碎核桃拌勻成奶油核桃麵糰，封上保鮮膜移入冰箱冷藏約1小時。
3. 將奶油核桃麵糰分成每個約15克的小麵糰，搓圓間隔排入烤盤中，移入預熱170℃的烤箱中以170℃烘烤約18分鐘，取出趁熱撒上防潮糖粉，待完全降溫後即可包裝。

Tips
1. **碎核桃做法：**核桃以適量糖、蘭姆酒拌勻浸泡至吸收，入烤箱以150℃烘烤10分鐘，取出放冷後切碎。
2. 可分別添加巧克力粉、咖啡液、紅茶液、花草香料或其他堅果變化口味。

"Part four" 萬用醬料

料理新手學做菜，
家庭主婦做好料，
餐廳老闆賣正餐，
人人必備的青醬、炸醬、咖哩醬和果醬，
學會萬用醬料上網賣，
現金鈔票賺不完。

義大利麵紅醬

份量 10份
建議售價 160元／500克
成本預估 44元／500克
必備器材 單柄大湯鍋、食物調理機

材料

紅蕃茄1,000克
洋蔥300克
紅蔥頭70克
紅蘿蔔200克
奶油100克
蕃茄糊2杯
紅葡萄酒1杯
義大利綜合香料2大匙
牛骨600克
水5,000c.c.

做法

1. 紅蕃茄洗淨，在尾端切十字狀，放入滾沸水中略煮後去皮，取出切碎備用。
2. 洋蔥、紅蘿蔔、紅蔥頭均洗淨瀝乾水分、去皮後切碎備用。
3. 製作牛骨高湯：牛骨洗淨，以滾水汆燙1分鐘後撈出，放入大湯鍋中加入水大火煮開，改小火熬煮1小時，濾出湯汁即為牛骨高湯。
4. 單柄大湯鍋放入奶油燒熱至融化，加入洋蔥末小火炒至完全軟化，再加入紅蔥末、紅蘿蔔末續炒出香味，最後加入蕃茄碎與紅酒拌勻小火燒煮10分鐘，倒入食物調理機攪打成泥狀備用。
5. 將牛骨高湯倒入大湯鍋中，加入蕃茄糊拌勻中火煮開，撒入義大利綜合香料小火續煮15分鐘，倒入蕃茄泥小火燉煮至湯汁略呈濃稠狀，熄火冷卻後即可分裝。

Tips

1. 牛骨高湯可加入洋蔥、西洋芹、紅蘿蔔一起熬煮，滋味更加甘甜。
2. 香料可自行調配不同風味。
3. 如濃稠度不足最後可添加少量炒麵糊調整，不過會降低醬汁鮮豔的色澤。

青醬

份量　3份
建議售價　120元／200克
成本預估　43元／200克
必備器材　果汁機、烤箱、烤盤

材料

松子200克

新鮮羅勒葉200克

橄欖油1杯

起士粉4大匙

現磨黑胡椒粉1/2大匙

去皮大蒜10顆

檸檬汁1大匙

鹽少許

做法

1. 去皮大蒜洗淨擦乾水分備用。

2. 松子洗淨瀝乾水分，入烤箱以170℃烤至略呈黃褐色備用。

3. 新鮮羅勒葉洗淨瀝乾水分，入烤箱以150℃烘烤約1分鐘備用。

4. 將所有材料放入果汁機中攪打成醬汁，倒出即可分裝。

Tips

1. 松子也可直接利用乾鍋炒出香味。

2. 羅勒葉事先烤過可避免帶有水分降低保存期限，同時可防止顏色繼續變黑。

白醬

份量　10份
建議售價　160元／500克
成本預估　50元／500克
必備器材　單柄大湯鍋

材料

蘑菇600克　　動物性鮮奶油450c.c.

洋蔥150克　　牛骨高湯4,000c.c.

培根150克　　（做法參考P.80）

奶油200克　　起士粉50克

　　　　　　麵粉糊適量

做法

1. 蘑菇洗淨切片；洋蔥洗淨瀝乾水分，切細碎備用。

2. 培根洗淨瀝乾水分，入烤箱以170℃烤至略呈焦黃，取出切末備用。

3. 冷卻的牛骨高湯與動物性鮮奶油拌勻備用。

4. 單柄大湯鍋中加入奶油燒熱至融化，放入洋蔥末小火炒至完全軟化，續加入蘑菇片、起士粉炒出香味，倒入鮮奶油牛骨高湯以中火煮開，加入適量麵粉糊小火拌煮至濃稠，熄火撒入培根末拌勻，放涼即可分裝。

Tips

1. 麵粉糊是由奶油炒熟的麵粉，比例不拘，奶油份量不需太多以免成品過油，須將麵粉完全炒熟，可事先製作備用。

2. 選擇不同的起士粉會有不同的風味表現。

3. 也可適量添加香料，如擔心降低成品的潔白色澤，可加入高湯中熬煮出味道再過濾掉即可。

XO干貝醬

份量 5人份
建議售價 300元／250克
成本預估 130元／250克
必備器材 炒鍋、蒸籠

材 料

		調味料
干貝240克	紅蔥頭末50克	辣椒油4大匙
金華火腿100克	蒜末80克	蠔油1/2杯
蝦米200克	朝天椒片40克	細砂糖2大匙
蝦皮80克	米酒適量	沙拉油適量

做 法

1. 蝦米和蝦皮一起以適量米酒浸泡8小時軟化,抓洗數下後撈出瀝乾,切碎備用。
2. 干貝以適量米酒浸泡8小時軟化,放入蒸籠蒸15鐘,取出瀝乾撕成絲狀備用。
3. 金華火腿洗淨,放入滾水燙約10分鐘,撈出瀝乾水分後切末。
4. 鍋中倒入少量沙拉油燒熱,放入紅蔥頭末、朝天椒片小火爆香,加入干貝絲煸炒至金黃且略乾,再依序加入蝦米、蝦皮、金華火腿、蒜末續炒至香味溢出,加入辣椒油、蠔油、細砂糖調味,最後加入適量油至淹蓋所有材料,拌勻小火煮至起泡,熄火冷卻後即可包裝。

Tips

1. 米酒浸泡時份量需蓋過材料。
2. 可適量添加醬油與香料增添風味,辣度與鹹度均可調整。

炸醬

份量 12份
建議售價 90元／250克
成本預估 32元／250克
必備器材 鋼盆、炒鍋、
大型平盤

材料

豬絞肉1,500克

豆乾50片

蔥末1杯

蒜末1/2杯

薑末1/4杯

調味料

甜麵醬11/2杯

黑豆瓣醬1杯

米酒1杯

水1杯

Tips

1. 也可添加適量蝦米末一起
   爆香增添風味。

2. 搭配不同廠牌的甜麵醬與
   豆瓣醬時，因鹹度或甜度
   的不同，比例上也需要適
   量調整。

做法

1. 豆乾洗淨先切薄片，再切成小丁狀，放入熱油鍋中以中火油
   炸至表面略乾，撈出瀝乾油分備用。

2. 豬絞肉放入熱油鍋中以小火油炸，以大湯勺快速攪散，待均
   勻變色後撈出瀝乾油分備用。

3. 將所有調味料調勻備用。

4. 鍋中倒入1杯油燒熱，加入蔥末、蒜末和薑末小火炒出香味，
   再加入調勻的調味料以中火煮開，續煮3分鐘後加入豆乾和
   絞肉小火拌勻，續煮至湯汁略收乾，盛出放入大型平盤中攤
   開，降溫後即可包裝。

麻醬

份量 4份
建議售價 100元／200克
成本預估 42.5元／200克
必備器材 鋼盆、炒鍋、
研磨機、大型平盤

材料
白芝麻1,000克
糖蜜5大匙

做法
1. 白芝麻挑除雜質，放入乾鍋中
以小火翻炒至呈金黃色。
2. 糖蜜敲碎備用。
3. 將所有材料放入研磨機中，從
低速漸次研磨至高速，研磨至
質地細緻即可倒出分裝。

Tips
1. 所有使用的器具皆須乾淨無水。
2. 炒白芝麻時火要小並不停翻炒使
受熱均勻，可少量分次炒，炒得
過焦則會有苦味。
3. 芝麻須經過熱炒因此不會有衛生
的疑慮，如不放心可以先將白芝
麻清洗一遍，但須充份晾乾至完
全無水才行開始製作。
4. 糖蜜即為未經精煉的原色冰糖，
味道比冰糖更為甘甜，在有機食
品店有賣。

咖哩醬

份量 15份
建議售價 110元／450克
成本預估 46元／450克
必備器材 單柄大湯鍋、
大型平盤

材料
豬肉1,500克
洋蔥塊600克
紅蘿蔔塊500克
馬鈴薯塊500克
青豆300克
奶油250克
月桂葉3片

調味料
匈牙利紅椒粉1大匙
印度咖哩粉1/2杯
俄力岡粉1大匙
鬱金香粉1小匙
紅酒1杯
牛骨高湯5,000c.c.（做法參考P.80）
細砂糖3大匙
鹽3大匙

做法
1. 豬肉洗淨瀝乾水分切塊備用。
2. 奶油放入鍋中燒熱至融化，放入洋蔥塊炒至軟化，加入豬肉炒至變色，再加入紅蘿蔔塊、馬鈴薯丁和月桂葉拌炒均勻，改中火依序加入匈牙利紅椒粉、印度咖哩粉、俄力岡粉和鬱金香粉翻炒至食材上色。
3. 倒入紅酒和牛骨高湯拌勻，以大火煮滾，改小火續煮25分鐘，最後加入青豆與細砂糖、鹽調味再煮約5分鐘，熄火盛出放涼後即可分裝。

Tips
1. 可酌量添加辣椒粉調整辣度。
2. 豬肉須選擇瘦肉較多的部位才不會出油過多影響醬汁口感，熬煮時間以豬肉熟透為考量標準，如不加豬肉則熬煮10分鐘即可。
3. 此道配方可做為咖哩調理包使用，也可不加豬肉並將蔬菜材料切得更小，即可做為咖哩調醬。

香椿醬

份量 3份
建議售價 120元／250克
成本預估 50元／250克
必備器材 食物調理機、大型平盤

材料

香椿葉400克

橄欖油600c.c.

鹽2大匙

做法

1. 香椿葉洗淨，攤開晾乾後去除硬梗。

2. 將香椿葉與鹽放入食物調理機中攪碎，分裝至乾淨無水的玻璃瓶中，加入橄欖油至淹過所有材料後密封即成。

Tips

1. 橄欖油味道較清香，也可使用純香油取代。

2. 香椿醬的做法簡單，品質的好壞幾乎全在於香椿葉的處理是否完善，葉片得挑選盡量細嫩部分，較硬的葉片與硬梗一定要去除，細心的洗淨與風乾，就能讓味道清香醇正。

3. 調理機使用較粗的刀片調理，目的在於切細而不是攪成泥狀，直接以刀剁碎是更好的方式，不過更費時費力，如果打成泥狀酸澀味會變得過重。

4. 可少量添加堅果增添風味，也可搭配少許大蒜、黑胡椒調味。

草莓果醬

份量 20份
建議售價 120元／300克
成本預估 52元／300克
必備器材 大湯鍋

材料
草莓4,000克
細砂糖2,000克
麥芽糖1,000克
水2,000c.c.
檸檬8個
果凍粉25克

做法

1. 檸檬洗淨對半切開，搾出檸檬汁備用。果凍粉加入適量水調勻備用。

2. 草莓洗淨瀝乾水分，切除蒂頭後分切成小塊，放入大湯鍋中，加入細砂糖和檸檬汁拌勻，靜置2小時，加入麥芽糖與水拌勻以大火煮滾，再改小火熬煮約30分鐘，加入果凍粉水拌勻調整濃稠度，熄火放置10分鐘後即可分裝冷藏。

橘子果醬

份量 18份
建議售價 120元／250克
成本預估 38元／250克
必備器材 單柄大湯鍋

材料
橘子5,000克
檸檬4個
細砂糖1,500克
麥芽糖1,500克
香橙酒100c.c.

做法

1. 檸檬洗淨對半切開，搾出檸檬汁備用；橘子取出果肉搾成汁，果皮刮除白色薄膜後切絲備用。

2. 將檸檬汁、橘子汁和橘皮絲一起放入鍋中以中火煮滾，改小火加入麥芽糖拌煮至完全均勻，再加入細砂糖拌煮均勻後熬煮至醬汁略濃稠，最後加入香橙酒煮勻，熄火放置10分鐘後即可分裝冷藏。

Tips

1. 此道做法不另添加水分，以原汁製作須熬煮較久的時間使天然果膠盡量釋出。

2. 橘子皮內白膜具有苦味，應盡量刮除。

3. 橘子的味道酸味較強，可適量增加糖的份量。

藍莓果醬

份量　16份
建議售價　150元／250克
成本預估　83元／250克
必備器材　單柄大湯鍋

材料

藍莓3,000克
檸檬6個
麥芽糖1,000克
細砂糖1,000克
水1,000c.c.

做法

1. 檸檬洗淨對半切後，搾出檸檬汁備用。

2. 藍莓洗淨瀝乾水分，對半切開，放入大湯鍋中，加入細砂糖和檸檬汁拌勻，靜置2小時。

3. 加入麥芽糖與水拌勻以大火煮滾，再改小火熬煮約30分鐘，熄火放置10分鐘後即可分裝冷藏。

Tips

1. 果膠含量高的水果適合製作原汁果醬，如選擇果膠含量較低的水果，或是製作較低成本果醬時可適量加水並配合果凍粉製作。

2. 除了利用單一水果製作果醬之外，也可利用數種水果搭配綜合口味。

3. 除了利用果凍粉，也可利用吉利T、果膠等替代。

4. 果醬所使用的玻璃罐應以水煮10分鐘，再晾乾或以烤箱低溫烤乾，不可用布擦乾以免沾上細菌。

5. 趁熱將果醬分裝，冷卻後可使罐中成為真空狀態，降低變質的機率。

6. 熬煮過程中需輕輕攪拌以免沾鍋，取少量滴入冷水中即可判斷果醬濃度。

Part five

網路賣家教室

註冊、上架，拍賣小教室一點就通，
包裝、行銷，超人氣賣場密技一次學會，
網拍絕招、創業經歷，超人氣賣家現身說法全部公開，
學會網拍技巧賣美食，
進階拍賣達人賺現金。

Yahoo! 露天 拍賣小教室

上架，註冊帳號介面教學

圖片摘自Yahoo!奇摩拍賣網站、PC Home露天拍賣網站

當你決定賣美食後，該怎麼上網註冊帳號、上架拍賣呢？跟著我們Step by step的說明介紹照著做，很快的就能將精心製作的美食放在網路上，享受當老闆的快樂了！

Yahoo!篇 帳號申請與資料確認

Step 1 註冊成為Yahoo!奇摩會員

到奇摩會員中心http://tw.reg.yahoo.com/註冊帳號，填寫基本資料，經系統確認後，就能開始賣東西了！

Step 2 刊登拍賣商品，選擇刊登類別

在拍賣賣場上按〈我要賣東西〉，系統就會跳進刊登拍賣商品的頁面。這時請選擇商品分類。比方起司蛋糕就選：食品與地方特產→蛋糕/甜點→乳酪/起司蛋糕，按下〈繼續〉。

Step 3 註冊程序確認

這時系統並不會讓你馬上賣東西，第一次加入的人，會先跳進〈Yahoo!奇摩拍賣註冊確認程序〉頁面，確認你是否願意核對各項資料，請按〈確認〉。

Step 4 確認會員資料

會員資料與聯絡資料的正確，能提升賣家信任度，也是上網賣點心的第一個審核關卡，當你確認資料正確無誤，直接按〈完成〉即可。

Step 5 確認電子信箱

拍賣過程主要靠電子信箱和買家溝通往返，所以正確的電子信箱很重要，核對完會員資料後，系統會直接跳到〈功能設定—會員認證狀態〉，有〈確認電子信箱〉、〈確認手機〉及〈確認信用卡〉三種選項，請按〈確認電子信箱〉進行確認，系統會將確認信寄至電子信箱，登入電子信箱收件匣，直接回覆後即完成確認手續。

Step 6 確認手機號碼

再完成〈確認手機號碼〉就能賣東西了，先到拍賣賣場上按〈我要賣東西〉，系統就會跳進刊登拍賣商品的頁面。這時請選擇你的商品分類。比方起司蛋糕就選：食品與地方特產→蛋糕/甜點→乳酪/起司蛋糕，按下〈繼續〉，系統會直接跳進〈確認手機號碼〉，再按〈傳授確認碼〉。

Step 7 確認手機號碼

系統跳進〈填寫手機確認碼〉頁面，輸入手機認證碼，按下〈確定〉即完成手機確認。就可以開始刊登拍賣商品了。

92

Yahoo!篇 上架賣商品

Step1 登入
輸進帳號及密碼登進拍賣網站。

Step2 選擇刊登類別
在拍賣賣場上按〈我要賣東西〉，系統就會跳進刊登拍賣商品的頁面。這時請選擇商品分類。比方起司蛋糕就選：食品與地方特產→蛋糕/甜點→乳酪/起司蛋糕，按下〈繼續〉。

Step3 上傳相片
上傳要拍賣的點心，Yahoo!只接受.jpg 或.gif 格式的500k以內照片。網頁可免費上傳 3 張圖片，加購圖片每張1元，最多可放9張照片。將拍好的照片放在電腦裡，按〈瀏覽〉、〈開啟〉後，就可夾帶照片，再按上傳圖片，待檔案上傳後，按〈完成〉即可。

Step4 填寫刊登商品
上傳照片後，系統會直接跳進〈填寫刊登商品〉頁面，仔細填寫後，按〈預覽商品內容〉，再按〈確認〉，即可完成刊登。Yahoo!奇摩採「先刊登、後付費」的收費方式，累積一定刊登費＆交易手續費後，才會進行催繳。

露天拍賣篇

帳號申請與資料確認

Step1 填寫會員資料
輸進自己設定的帳號、密碼、電子郵件及手機號碼等資料，按〈確認〉即可進入下一個步驟。

Step2 完成手機及電子郵件認證
系統會以簡訊方式發送認證碼，將手機認證碼輸進，按〈確認〉即完成手機認證。完成手機認證後，系統會直接進入會員認證狀態，賣東西需要進行電子郵件認證，按下〈請按此發送email認證碼〉，系統會以E-MAIL方式發送認證碼，將認證碼輸進，按〈確認〉即完成電子郵件認證。

上架賣商品

Step1 選擇上架方式
登入露天賣場，選擇〈賣東西〉選項，即進入〈選擇上架方式〉，按下〈超簡易30秒上架快速完成〉進入下一個網頁。

Step2 選擇出售方式
有〈競標〉、〈定價〉兩種方式可以選擇。按下〈定價〉可進入下一個網頁。

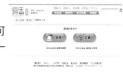

Step3 選擇分類方式
在定價的頁面，選擇物品分類，再選擇適合的類別。例如起司蛋糕：就選名產、食品→蛋糕、甜點→蛋糕。

Step4 填寫詳細內容
在同一頁面上將物品標題、直購價、運費、物品說明填寫清楚，並將物品圖片上傳。按下〈確定上架〉，即可完成物品上架。露天拍賣目前無需收費。

6大賣場密技偷偷報

超人氣賣場生財技術大公開

台灣的網路拍賣市場有2個系統：奇摩拍賣及PC HOME露天拍賣，網路商店則有奇摩購物中心、PC HOME線上購物及樂天市場等，因為網路商店的開店費用較高，所以本書提供最容易上手的網路拍賣市場密技。

目前拍賣市場以奇摩拍賣人氣最高，露天市場次之。2個拍賣場各有優缺點（詳見附表），奇摩拍賣需刊登手續費，露天商店則不必付費。

由於奇摩會員人數最多，所以一般上網賣點心的人會從奇摩開始，待知名度打開後，再以露天市場做為副店經營，想省手續費的人，也可以從PC HOME露天拍賣開始著手。

奇摩拍賣人氣最旺（圖片：摘自Yahoo!奇摩拍賣網站）

奇摩拍賣&露天市場比一比

	奇摩拍賣	PC HOME露天拍賣
人氣指數	★★★★★ 勝	★★★
刊登功能使用費	3元起	0 勝
交易手續費	商品總價之3%	0 勝
加值功能費用	有加值功能 勝 （直接購買價設定費5元、拍賣底價設定1元、付費相片1元）	無加值功能

露天拍賣目前沒有收刊登費
（圖片：摘自PC Home露天拍賣網站）

基礎常識之外更需具備的正確觀念

（圖片：摘自Yahoo!奇摩拍賣網站）

行之有年、規模最大的奇摩拍賣，其實已經有很完善的賣家／買家交流區，（網址：http://tw.bid.yahoo.com/phtml/auc/tw/classroom/home.html）從基礎到進階都有詳細指引，但若想當個人氣旺旺的賣家，你的觀念一定要更與眾不同，除了基本的知識，更要有活絡的生意頭腦，才能在數萬個賣家中成為被買家青睞的唯一！

密技1　開賣行銷～創造讓顧客一看就動心的超優印象！讓評價衝上雲霄！

Tips1 如何替食物取一個聽起來超美味的名稱？

單調的敘述絕對是吸引不了注意的，必須一針見血點出商品特點，比方「☆濃郁綿密的天使滋味－藍莓起司蛋糕，買家熱情推薦中！☆」絕對比只有寫「藍莓起司蛋糕」這個樸素的標題好，也可以多使用符號例如★、●、■......來吸引買家注意。真的沒靈感，就參考一下人氣賣家的命名方式，加點變化來為商品命名。標題可以搞笑，例如「吃不到罵罵號」、「嚐過才不枉人間走一遭」等，但內容說明點到為止，最好不要過份輕浮，才能取信於買家喔。

（圖片：摘自Yahoo!奇摩拍賣網站）

Tips2 讓東西感覺起來超好吃！

拍一張美美的宣傳照，寫一篇讓人流口水的宣傳文案絕對是必須的！如果你不會修圖片調顏色，可以考慮以下3個方法引起注意：

1. 讓食物與帥哥美女合照。
2. 拍照時讓背景單純，使食物本身突出，背景的顏色與食物不要太雷同，才不會被蓋過。（例如：泡菜要用白底或亮色系的底，義大利白醬就比較適合用深藍色、漸層色底）
3. 除了標題要寫得好，文字說明可以統統鉅細靡遺地寫出來，別怕好料讓人知道就對了！還有強調「新鮮」、「美味」及「實惠」三大重點也是不可少的。

密技2　訂單～生意上門了！

Tips1 怎麼跟客人收錢比較好？

網路拍賣上的付款方式有現金、支票或匯票銀行、郵局轉帳、信用卡、郵局貨到付款等，最方便常見的是轉帳。現在更有線上ATM，只要自備一台讀卡機，就可以隨時確認入帳，掌握買家付款情形，也可以避免整天忙於刷簿子確認。

Tips2 確實確認訂單，避免意外疏忽，並小心詐騙！

雖說食品的單價較低，比較不易遇到劫標客或詐騙，但還是要小心遇到不懷好意的買家，結標後除了系統自動回覆的信件外，本身最好再度主動發信，除了表現友善，也可以跟買家直接聯絡。另外食品不比貨品，有變質或損壞的危險，被退回的話通常都不能原物重寄，地址、收件人一定要確認清楚後再寄出。

密技3　原料，工具～開始做生意囉！

Tips1 我需要哪些原料？

要買哪些麵粉、糖、鹽、肉及蛋等物料，端看自己推出的產品而定，但切記無論要賣什麼，務必記得先找好配合廠商，直接固定叫貨，成本才會降低。可以用電話簿找附近商家，或打產品外包裝上的電話，或是每年食品展時看看有沒有可配合的廠商等，當然有認識的人介紹更好！通常大型商行都有批發價，如果你將所有物料都包給他們代為購買，爭取折扣的空間就更大。一開始就要慎選合作廠商，建立長期合作關係，不要隨便更換。

奶油乳酪價格不斐，用批發的方式購賣會比較便宜

Tips2 生財器具要怎麼買？

賣烘焙點心一定要有一台專業的烤箱

鍋碗瓢盆等基礎工具在創業初期可以先以家用型的替代，但若是要賣餅乾、蛋糕等西點，就一定得添購烤箱、攪拌器、果汁機等器具，台北後火車站，及萬華都有許多商家可購買生財器具，其中也不乏中古貨可作選擇。網路、報紙也有許多二手器具出售，都是可以考慮選擇的。

北中南各地原料行、工具行可見p.99～101。

密技4 包裝～乾淨、簡便的俐落包裝！

Tips1 我賣的東西該怎麼包？

生鮮類的食品以厚質塑膠袋包裝，蛋糕餅乾類的商品以硬殼紙盒包裝，醃菜、醬料類可以用透明壓克力瓶包裝……，簡單說來，最大的原則就是保持產品的賣相，讓買家收到貨品時，感覺心情很好。

Tips2 有人會拿我的商品去送禮嗎？該提供包裝的服務嗎？

月餅、蛋黃酥及油飯這類季節性商品，被作為禮品的可能性比較大，在「關於我」或「商品資訊」裡，就可以加註你願意幫買家包裝，條件是買到一定的額度或加上工本費（但絕不能虧本啊！切記切記！）。

如果單次下標的量比較大，不妨考慮幫買家附個紙袋、卡片，讓買家感受到你的用心，生意自然就可以越做越大囉！

Tips3 需要真空包裝機嗎？

如果賣的是湯湯水水，有一台真空包裝機，在打包、運送的過程中就會比較乾淨省事。如果是水餃、油飯這類鮮食，真空包裝也可以避免受潮變質，在資本充足或訂單穩定後就可以考慮添購啦！

真空包裝可以增加保存期限

Tips4 特別要注意的商品！

1.布丁、奶酪及奶凍

這類比較特別的商品，通常需要特別購買壓克力碗並固定後再裝箱，以免變形。

2.水餃、湯圓及肉粽

建議冷凍定型後再出貨，除了保持新鮮，也不易因擠壓造成賣相變差喔。

3.果醬

在製作完成後，需趁熱裝入玻璃瓶中，這是為了防止在冷卻時，空氣中的細菌掉落在果醬上造成變質，記得挖取時要用乾燥清潔的湯匙。

包裝完成後裝入紙箱後出貨就萬無一失囉！

	常溫	冷藏	冷凍
一般袋裝	牛軋糖	花枝丸	各式餃類、各式粽類、鹹湯圓、披薩
真空袋裝		鹹豬肉、鹹蜆仔、蘿蔔糕、芋頭糕、蕃茄牛肉麵	
壓克力碗裝		布丁、奶凍、奶酪、碗粿	
壓克力盒裝	銅鑼燒	油飯、滷豆乾、滷花生、滷牛肚、滷牛腱、滷豬腳、雞腳凍、鴨翅膀、醉雞、雞胗	
硬紙盒	各式餅乾、雪球、瓦片、蛋捲、月餅、蛋黃酥	巧克力布朗尼、起司蛋糕、磅蛋糕、涼糕、黑糖糕	
玻璃/壓克力瓶裝	各式果醬	辣小魚乾、台式泡菜、韓式泡菜、剝皮辣椒、豆腐乳、辣腐乳、辣蘿蔔乾、醃梅子、各式麵醬、咖哩醬	

* 以上資料僅供參考，實際包裝依產品實際狀況為準。

密技5 運送～把我的商品迅速交到買家手裡！

Tips1 賣的東西是否需要低溫運送？

不見得每樣食物都需要低溫運送，果醬、餅乾類的乾貨其實不需要額外花錢做低溫運送，只要在包裝時將內裡墊厚，防止碎裂就好了。但若是賣水餃、調理包或蛋糕等鮮食商品就需要低溫運送，尤其天氣較熱的時候，這筆錢可不能省喔，如果讓買家吃到變質的食物，賠上商譽就大大不值得了！

Tips2 怎麼寄？郵局還是貨運？

郵局的優點是價格平均較低，但不提供低溫貨運、必須親自跑一趟是缺點。不過如果每天同時能寄出5筆以上，郵局就可以提供到府收貨的的服務喔，但這時運費就是以尺寸而非重量計算了！其實每家貨運在網路上都有試算表，可以將資料一一KEY入，試著多比較幾家，挑選最適合自己的貨運公司，長期合作建立好關係絕對是有益的。

貨運網站　郵局：http://www.post.gov.tw/　　　　　　新竹貨運：http://www.hct.com.tw/main.jsp
　　　　　　　大榮貨運：http://www.tjoin.com/　　　　　黑貓宅急便：http://www.t-cat.com.tw/index.do
　　　　　　　台灣宅配通：http://www.e-can.com.tw/

Tips3 我要跟人面交嗎？

每天面交其實未必划得來喔！花費的時間和交通費用等都必須計算在內！但如果沒有門市，又想方便買家，其實可以訂定一個專屬的面交時間及地點，例如每週四晚上在台北車站統一面交，事先打包好所有東西，帶些零錢在身上，就可以藉面交的機會跟買家交流一下囉。

密技6 豐富我的賣場～一家賣場包辦你所有需要

Tips1 讓買家定期光顧的秘訣？

賣場可多賣一些相關商品，品項互相搭配，比方買水餃就兼賣沾醬，賣餅乾就兼賣茶包，賣醬料就兼賣麵條；做出口碑後，還可以增加生產各式商品。當然這些都是要視能力與情況而定，若是因為忙不過來造成服務品質下降，就是自砸招牌了喔！

Tips2 網路賣場的布置與顏色配置

賣家不能只會收錢出貨喔！仔細觀察人氣賣家的網路賣場，你會發現他們的賣場通常漂亮，他們都很用心維護賣場給人的視覺效果。

賣場顏色的更換與經營並不難，可以點選「賣場配色」，套用已經配好的顏色，或是到小畫家選好顏色，再把色碼貼至「自訂顏色」，做出專屬的賣場配色，就能讓買家耳目一新。

網路賣場還有許多功能，不過都是要收費的，例如排序提前、長期刊登等，可以依自己的能力慢慢考量選擇。

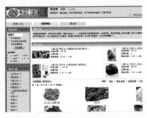

讓自己的賣場色彩鮮豔有設計感，可以增加專業的感覺

生財器具購買商家

上網賣點心的第一個步驟是準備一套生財器具，比方瓦斯爐、烤箱及鍋子等，這些器材一般家庭都有，在網拍生意規模還不大時，可以直接沿用家裡的廚房設備，但當訂單一增加時，就得購買新設備，以因應蜂擁而至的下標人潮，以下提供常見的生財器具廠商及購買地點，供讀者參考。

公司或店名	電話	地址	販售商品
台北中古市場		台北市重慶南路和汀洲交接的中正橋下附近	二手設備
餐飲五金專賣店		台北市環河北路和漢口街上	餐飲五金專賣
威爾雪國際股份有限公司	（02）2748-1589	台北市光復南路1號12樓-1	各類冰櫃、櫃子、工作檯
華源有限公司	（02）2557-2272	台北市歸綏街237號	塑膠袋、免洗用具
興成有限公司	（02）2760-1026	台北市寶清街122-1號	免洗用具
開寶行	（02）2365-5966	台北市重慶南路三段123號	餐廚用品、器具
佳杰國際有限公司	（02）8788-1451	台北市信義路五段5號3B33室	桌上型盒、杯封口機等
星元貿易有限公司	（02）2885-6200	台北市承德路四段39號2樓	切菜機、切肉片機等
十全餐廚五金商行	（02）2904-0858	台北縣新莊市中正路700-17號1樓	白鐵生財器具，小吃攤販車台等
禾榮產業股份有限公司	（02）2506-9521	台北市南京東路二段206號6樓	冷凍調理食品、魚類
欣立企業有限公司	（02）2252-1626	台北縣板橋市懷德街66巷27號	飲料杯、免洗器具
威銘不鏽鋼冷凍餐飲設備	0953-232-332	台北市蘆洲市仁愛街212巷6-7號	各種小吃店器具
鞍美餐飲五金大賣場	0915-610-129	台北縣新店市中正路119號	餐飲、冰品、小吃店
二手大三通	（03）325-5468	桃園市春日路1775巷43號	二手、三手餐車、冷凍、餐飲設備
久大冷凍餐飲	（03）331-1766	桃園市復興路363-1號	餐飲廚具、二手設備
瑞旗生物科技有限公司	（03）328-3911	桃園縣龜山鄉大華村頂湖路51號	PP杯、杯、碗蓋
千盛食品股份有限公司	（03）363-7606	桃園縣八德市永豐路226巷68弄1號-1	各式餐車
香溢食品有限公司	（03）323-1965	桃園縣蘆竹鄉大興八街52號	各類粉、高湯、點心等
久大冷凍餐飲	（03）535-6366	新竹市經國路二段120-2號	餐飲廚具、二手設備
台中中古市場		台中市大雅路和建成路上	二手設備
開店大師企業有限公司	（04）2355-0000	台中市南屯區二十三路50號	醬料、調味料、高湯粉等
大漢餐飲設備公司	（06）281-4222	台南市北區西門路4段507號	餐台、行動攤車
台南餐飲設備		台南市中華路和西門路上	餐飲設備
宏益欣環保餐具		台南市南屯區永春南路321號	各式紙杯、餐盒
世祥餐飲冷凍設備	（06）282-8757	台南縣永康市中華路682-1號	二手生財器具、餐車台、五金百貨
慶泰餐飲用具批發有限公司	（07）311-0260	高雄三民區同盟三路180號	鍋具、小五金、免洗、耗材
高雄中古餐車、餐飲設備		高雄三多路和九如路上	二手、三手餐車
淞禾冷凍餐飲設備	（07）727-2312	高雄市苓雅區英義路380號	餐飲、冷凍設備

＊本資料僅供讀者參考，電話、地址等內容若有更改，以廠商資訊為主。

原料供應商家

開始上網賣點心、做生意時，會發現烹調材料的需求量變大，這時必須跟批發商進貨，才能節省成本，以下是食品批發商的資料，跟這些商號購買調味料、肉類及蔬果等材料，才能聰明省下成本喔！

公司或店名	電話	地址	販售商品
濱江市場	（02）2516-2519	台北市民族東路336號	蔬菜、魚類
第一果菜市場	（02）2307-7130	台北萬大路533號	蔬菜、魚類
建國市場	（02）2507-3756	台北市四平街88號	蔬菜、魚類
磐昇股份有限公司	（02）2831-0281	台北市中山北路五段687號8樓-3	食品添加物、人造腸衣
嘉固有限公司	（02）2772-6201	台北市大安路一段84巷11號5樓	冷凍食品、香料、罐頭
明光商行	（02）2331-3282	台北市內江街55巷3號	南北貨
統園企業股份有限公司	（02）2883-9887	台北市大南路361號8樓-1	食用色素、調味料
南僑化學工業股份有限公司	（02）2535-1251	台北市延平北路四段100號	冷凍麵糰等
七強股份有限公司	（02）2543-4001	台北市中山北路二段103號8樓-4	各種丸、醬類、粉類
禾榮產業股份有限公司	（02）2506-9521	台北市南京東路二段206號6樓	冷凍調理食品、魚類
台鑫食品冷凍事業股份有限公司	（07）696-6181（工廠）	台北市復興北路33號7樓	冷凍肉品
台灣博蘭有限公司	（02）2915-0858	台北縣新店市中興路三段138號4樓	蔬菜罐頭、菇類
林立行	（02）2626-5778	台北縣淡水鎮中正路93號	各種粉類
鈞展有限公司	（02）2913-0879	台北縣新店市寶元路二段59號	醬料調理包
偉豐製麵廠股份有限公司	（02）2693-2126	台北縣汐止市福德一路405巷1號	各種麵類
憶霖企業有限公司	（02）2995-3660	台北縣三重市重新路五段317巷1弄14號	調味醬、冷凍食品
可頌食品股份有限公司	（02）2643-3000	台北縣汐止鎮大同路一段177號地下1樓	速凍麵糰、麵包、蛋糕等
伊卡妃國際實業有限公司	（02）2298-1228	台北縣新莊市五工三路94巷28號1樓	各種咖啡、奶精粉
聯億農產實業社	（03）326-7926	桃園市永安北路205號	糯米粉等粉類
好麵有限公司	（03）431-5337	桃園縣楊梅鎮萬大路125巷18號	各種麵類
香溢食品有限公司	（03）323-1965	桃園縣蘆竹鄉大興八街52號	各類粉、高湯、點心等
台中市果菜運銷中心		台中市北區原子街125-10號	蔬果
小磨坊國際貿易股份有限公司	（04）2359-8967	台中市西屯區工業區一路70號7樓-1	辛香料、調味料
祥盛製麵加工廠	（04）2202-1189	台中市日進街55號	各種麵類
領鮮食品行	（04）2273-1666	台中縣大里市立仁路157巷12號	各式粉類、醬類調味料
美味王企業有限公司	（04）2406-8090	台中縣大里市中投東路33-19號	炸雞粉、香辛料、醬料等
唯農國際有限公司	（06）260-2211	台南市東區崇學路195號	食用香料、粉類
博成香料行	（06）225-8618	台南市中西區觀亭街12號	香料原料、食品添加物
泰昱揚食品實業有限公司	（06）358-1999	台南市北區文賢路313巷62號	冷凍烙餅、蔥抓餅等
台灣省農會食品加工廠	（07）746-0191	高雄縣鳳山市經武路50號	各種農產、肉品

＊本資料僅供讀者參考，電話、地址及販售物品等內容若有更改，以廠商資訊為主。

包裝素材批發商家

寄送網拍食品時,最需要注意的是品質優良的包裝,才能確保讓東西在運輸過程依然保持新鮮、美味,以下提供的包裝批發商,讀者可仔細詢問比較,為自己的食品找一套最好的包裝。

公司或店名	電話	地址
恩柏仕精密工業	(02)8792-6380	台北市新明路237號1樓
本源興	(02)2772-5566	台北市忠孝東路4段276號6樓
有利塑膠工業	(02)2788-9567	台北市萬全街79號
寶平企業	(02)2834-2323	台北市寶興街70號
忠誠	(02)2651-5958	台北市忠孝東路6段225巷3弄4號1樓
利德爾實業	(02)2955-0636	台北縣板橋市國泰街39巷7弄18號
萬泰包裝材料	(02)2965-2459	台北縣板橋市長安街200號1樓
有村紙業	(02)2955-5533	台北縣板橋市光正街13號
緯信塑膠	(02)2251-5693	台北縣板橋市民生路2段226巷17弄41號1樓
利生行	(04)312-4339	台中市西屯路二段28-3號
德麥	(04)376-7475	台中市美村路二段56號9樓之2
總信	(04)220-2917	台中市復興路三段109-4號
齊誠	(04)234-3000	台中市雙十路二段79號
辰豐實業	(04)425-9869	台中市中清路151-25號
銘豐	(04)425-9869	台中市中清路151-25號
永美	(04)205-8587	台中市北區健行路665號
永誠行	(04)224-9876	台中市民生路147號
益豐	(04)567-3112	台中縣大雅鄉神林南路53號
豐榮	(04)527-1831	台中縣豐原市三豐路317號
明興	(04)526-3953	台中縣豐原市瑞興路106號
騰達	(04)7350863	彰化縣和美鎮十茂路313巷12號
利名旺	(07)821-0141	高雄市小港區平和二路44號
利達包裝材料企業行	(07)380-9766	高雄市三民區克武路1巷20號
建瑩包裝材料	(07)703-3305	高雄縣大寮鄉民政街11號

＊本資料僅供讀者參考,電話、地址等內容若有更改,以廠商資訊為主。

5大賣家密技偷偷報

人氣賣家現身說法實況報導

網路拍賣真的能賺到錢嗎？從沒上過網可以嗎？已經在賣吃的還適合嗎...？新手賣家心中的種種疑問，就讓六位人氣賣家為你現身說法，引領你掌握正確方向，一路向前衝！

帳號 104tina   **賣場名稱** 三姊妹的家

主力商品　滷豬腳　小魚乾

先跟賣熱門商品，再打出獨門商品

人氣賣家
小故事

　　一提到「滷豬腳跟小魚乾」，網購族自然而然會聯想到104tina這個帳號，累積了上千評價，甚至還有電視節目特別專訪，其實104tina自己也沒想到她的獨門小吃會這麼受歡迎：「一開始是因為受傷在家，想說一定要找些什麼事情來做，不能就這樣放棄自己。」最初拍賣的物品其實是二手書、包包，後來才在朋友的幫助與鼓勵下開始賣小吃。

　　104tina網拍路程曲曲折折，和很多新手賣家一樣，沒有目標的通通賣，到最後終於找到自己的招牌商品。一開始的主打商品是水餃，「因為當時買水餃的人比較多。」後來又做燉湯、餡餅、滷味，最後才找到傳統滷豬腳、小魚乾這些熱賣商品 。

人氣賣家紅不讓心法傳授

密技1 包裝決定第一印象

運送品質對網拍食物很重要。因為不是到實體店面購買，買家在收貨時的第一印象就決定了以後再光顧的意願。所以104tina堅持以冷藏保鮮的方法出貨。

滷豬腳

密技2 附贈小點心，增加回購率

買家的單次訂購量大時，104tina也會大方地附送自製點心作為贈品，讓買家有驚喜的感覺。這可以讓買家有物超所值的感覺，進而再次光顧，甚至口碑相傳、好康到相報。

密技3 回覆問題要迅速

回答問題的速度要快！快！快！因為買家在購買類似商品時，可能也在多個賣場發問，發問之後都希望馬上得到答案，這時如果回答得迅速又親切，絕對能博得買家的好感，讓買氣直線上升！

帳號 zuezuea2000　　賣場名稱 鄉味水餃

主力商品 水餃

專心做水餃

人氣賣家
小故事

韭菜蝦仁餃

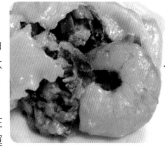

　　在還沒上網拍賣前，「鄉味水餃」已經是大甲著名的美味小吃了，自家店面從早到晚人氣絡繹不絕，既然生意那麼好，怎麼還會想上網做拍賣呢？負責人林先生回答：「因為我們想打開知名度，轉型成獨立品牌。」這份氣勢與企圖心，讓鄉味在網路水餃這塊市場獨占鰲頭。因為訂購200顆免運費，成了各大BBS站或網路討論區最熱門的團購商品。

　　雖然水餃生意很好，但鄉味水餃沒想過要賣醬汁或小菜等其他產品，他們只賣水餃，但研發不同的口味，從剛開始只做高麗菜和韭菜，到後來推出大受歡迎的泡菜、蝦仁等新口味，目前總共已經有7種選擇，每一種都很受歡迎。

開陽白玉餃

人氣賣家紅不讓心法傳授

密技1 注重冷凍品質

水餃出貨量大，又經過長途運送，難免會在運送過程中出槌，所以在水餃包裝好後，鄉味會急速冷凍至零下18℃，再迅速分裝成袋，並放入特別訂製的大型保麗龍箱，讓冷凍的品質能更穩定。

密技2 運送出包，新貨賠償

若因為運送過程而導致客戶權益受損，鄉味誠意十足、二話不說的寄新貨給買家，不因為人多生意好而輕忽任何一位顧客的權益，100%滿意的服務讓許多買家相當感動。

韓式泡菜餃

密技3 促銷活動增強買氣

剛開賣時，可以舉辦一些具話題性的促銷活動，比方一元起標、免運費等，讓讀者有機會以較低的價格試吃這些東西。

帳號 lij856　　**賣場名稱** 莉法苑

主力商品　韓式泡菜、辣滷鴨翅、養生泡菜

兼職態度經營，減少挫折感

人氣賣家小故事　　lij856原本是專職媽媽，小孩長大後，時間也多了，為了有份屬於自己的收入，開始經營流行的網拍事業。

　　由於家庭主婦時間多，所以她有很多時間可以看電視、讀報紙及研究DM，她從這些不花錢的媒體中吸取情報，想菜色、想配方，讓商品更有特色，同時也將新婚時進修的食品營養知識融入商品中，讓網拍的點心更讓人信服。

韓式泡菜

　　網拍一開始人氣不佳是所有賣家的困擾，但lij856認為一開始做網拍，不妨以「兼職」的心態來做，才不會因為回報過少、失望太大而放棄。只要東西夠優，隨著人氣提升，再漸漸將規模擴大，就能克服這段經營尷尬期。

人氣賣家紅不讓心法傳授

密技1 以自己的口味為基準
口味是決定食品銷售量的第一個關卡，但網友來自四面八方，想統整網友的意見，好比大海撈針，lij856說其實自己喜歡吃的，就是網友喜歡吃的，不妨以自己的口味為基準最準，就能做出最好的配方。

養生泡菜

密技2 訂做特殊包裝材，省錢也做環保
很多網路購物都使用紙箱來運送貨品，但紙箱通常只放幾樣商品，空蕩蕩的紙箱不僅佔空間，也不夠環保，所以lij856在真空袋外，又加裝跟廠商訂製的特殊厚塑膠袋，不僅讓寄送的體積變小，也方便買家分類儲存。

密技3 衡量人力，再考慮接單

當網拍的規模愈做愈大時，就有機會接到大訂單，這雖然是賺取大利潤的時機，但同時也是測試承擔經營能力的時候，這時買家要考慮自身人力負荷，再決定是否接大訂單，因為大訂單一接，不僅會遇到資金調度的問題，同時也可能影響到更多網友的權益，所以一定得仔細斟酌，才不會將好不容易培養出的品牌給搞砸了。

RSS · Q▾ Google

帳號 sankung2003　　**賣場名稱** 劉師傅夫人點心坊

主力商品　雞腳凍、醉補腿捲

加進天然香料，創造獨特口味

人氣賣家
小故事

sankung2003是意外成為食品賣家的，在偶然的機會下，她將做給家人吃的烤雞拿來拍照，覺得照片可口誘人，於是上網賣賣看，想不到真有網友瀏覽。

當時為了寄吃的東西給在外讀書的兒子，於是買了真空包裝機，這台真空包裝機讓食品的保存期限延長，剛好符合網拍食品的需要，於是開啟了sankung2003的拍賣之路。

雞腳凍

sankung2003純粹利用家庭廚房製作點心，由於小量製造與大批份量的製作方式是有差別的，要將原本不太定量的調味料換成一定比例的定量花了不少功夫，不過不輕易放棄的個性，讓她很快抓到黃金比例，讓每批產品都能維持品質的穩定性。

人氣賣家紅不讓心法傳授

密技1 找尋獨特配方、讓口味別處吃不到

sankung2003本身是藥師，所以利用對藥材的了解，將可以增加芳美口感的香料加進食物裡，讓點心的口味更出色。

新手賣家不妨花點心思，讓產品的口感更好，增加食物的獨特性，漸漸打造出自己的口味。

密技2 當天製作＆冷藏 讓食物保鮮期增長

拍賣的點心以不添加防腐劑為原則，所以購買新鮮的食材及備有足夠的冷藏冷凍

設備是必須的，sankung2003的食物都是當天烹煮或醃製，再真空包裝並冷藏，讓食物停留在室溫中的時間縮短，保鮮期限就能增長。

密技3 乏人問津也要耐心等待客源

sankung2003剛上網賣點心時，約有一個月的時間只有人瀏覽，沒有人下標，直到第一個買家出現後，也許因為東西好吃，這位賣家主動將產品資訊爬文到bbs的ptt合購版上，於是開始有了零星訂單。因此別因為初期沒人購買，就失去了鬥志喔。

醉補雞腿

帳號 chef_cake_2005　　賣場名稱 主廚烘焙坊

主力商品　蛋糕(布丁、奶酪、提拉米蘇、法式岩燒牛奶千層蛋糕)

一元起標 30天賣出1000個

人氣賣家
小故事

四年前曾是擁有兩家實體店面的蛋糕師傅 chef_cake_2005，照理說，他應該心情開朗、意氣風發，但店租、水電、管理及蛋糕材料等高昂費用，讓兩家烘焙坊每月都在虧損，沒有50萬元的營業額是無法打平的，chef_cake_2005可說是苦苦在支撐，陷入人生的低潮。直到他遇到網路拍賣，才找出事業瓶頸的出口。

奶酪

在網拍只賣二手商品，還不習慣賣食品的年代，他和邀他一起經營網路事業的網拍達人張士堯硬著頭皮嘗試了這個上網賣蛋糕的idea。雖然是傳統學徒出身，沒有烘焙業者最愛吹噓的法國藍帶廚藝學院標章，chef_cake_2005仍然以自修的方式跟著時尚走，做出的蛋糕完全沒有台味，無論是牛奶千層派或提拉米蘇，都很有自己的風格，也依照時令，推出美味的草莓限量蛋糕、芒果蛋糕等。

chef_cake_2005和張士堯用天然食材做蛋糕、請攝影師為產品拍美麗的照片，用1元起標的方式，吸引網友注意，因為趕上母親節的列車，1個月就賣出600個，雖然很多蛋糕的成交價遠遠低於成本，但這1元起標的策略已經成功吸引網友上門。

chef_cake_2005想做細水長流的生意，所以不拘泥於眼前的蠅頭小利，他將賺來的利潤提升材料水準，比方蛋糕不用香草精，用真正天然的香草籽；起司採用高級起司，決不用香料代替。好蛋糕靠著網路的傳播，chef_cake_2005的帳號愈來愈亮、主廚烘焙坊的名氣愈來愈響，現在已在網拍市場佔有一席之地。

提拉米蘇

RSS · Q· Google

人氣賣家紅不讓心法傳授

密技1 蛋糕現做現寄 新鮮是第一考量

法式岩燒牛奶千層蛋糕

chef_cake_2005將蛋糕當成沙西米來賣，蛋糕一定在送貨前一天才開始烘焙，做完後迅速包裝，再以宅急便2小時火速送到家，讓網友吃到的蛋糕，比外邊買的還新鮮，因為現做現寄，「新鮮」也就成了獨特性！

密技2 材料全天然 口味趕時尚

點心難免會加些化學原料，增加口感和味道，但chef_cake_2005堅持用料天然，不加會造成人體負擔的任何材料，讓東西嘗起來新鮮健康。也依時令及潮流推出季節性的限量蛋糕，比方冬天的草莓蛋糕、夏天的芒果蛋糕等或是流行的千層蛋糕或起司蛋糕等。

法式岩燒牛奶千層蛋糕

密技3 1元起標，吸引買家

在網路賣東西，若想要長久經營，就不能只想節流，要用各種行銷手法吸引讀者注意，比方以一元起標的方式吸引網友湊熱鬧，直購價520元的8吋蛋糕，常常200、300元就結標了，乍看之下不敷成本，其實卻增加了網頁的瀏覽率，而且讓網友有勇於試吃的機會，網友吃到好吃的東西，自然就出現想一吃再吃的回購人潮。

COOK50093

網拍美食創業寶典

教你做網友最愛的下標的主食、小菜、甜點和醬料

國家圖書館出版品預行編目資料

網拍美食創業寶典——教你做網友最愛的下標的主食、小菜、甜點和醬料
洪嘉妤 著.─初版─台北市：
朱雀文化，2008〔民97〕
面； 公分. -- （Cook50；093）
ISBN 978-986-6780-34-9（平裝）
1.食譜　　2.創業　　3.電子商務

427.1　　　　　　　　97013534

出版登記北市業字第1403號
全書圖文未經同意，不得轉載和翻印

作者■洪嘉妤
文字撰稿 ■ 黃瑜君、彭思園
攝影 ■ 蕭維剛
編輯■賽露露
校對■李 橘
美術編輯■鄭雅惠
企畫統籌■李 橘
發行人■莫少閒
出版者■朱雀文化事業有限公司
地址■台北市基隆路二段13-1號3樓
電話■(02)2345-3868
傳真■(02)2345-3828
劃撥帳號■19234566 朱雀文化事業有限公司
e-mail■redbook@ms26.hinet.net
網址■http://redbook.com.tw
總經銷■展智文化事業股份有限公司
ISBN■978-986-6780-34-9
初版一刷■2008.08

定價■280元
出版登記■北市業字第1403號

About買書：
●朱雀文化圖書在北中南各書店及誠品、金石堂、何嘉仁等連鎖書店均有販售，
如欲買本公司圖書，建議你直接詢問書店店員，如果書店已售完，請撥本公司經
銷商北中南區服務專線洽詢。北區（02）2251-8345 中區（04）2426-0486 南
區（07）349-7445
●●上博客來網路書店購書（http://www.books.com.tw），可在全省
7-ELEVEN取貨付款。
●●●至郵局劃撥（戶名：朱雀文化事業有限公司，帳號：19234566），
掛號寄書不加郵資，4本以下無折扣，5～9本95折，10本以上9折優惠。
●●●●周一至五上班時間，親自至朱雀文化買書可享9折優惠。

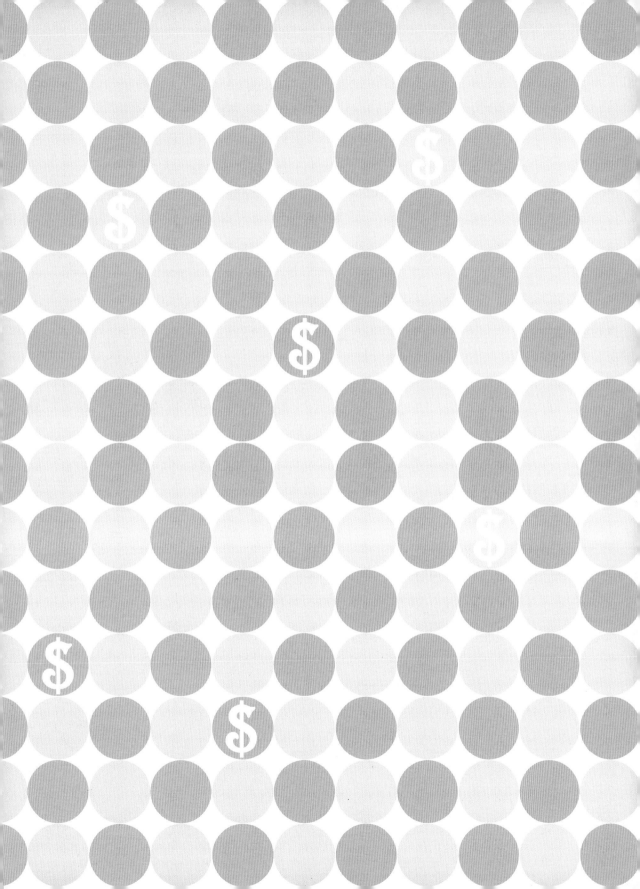

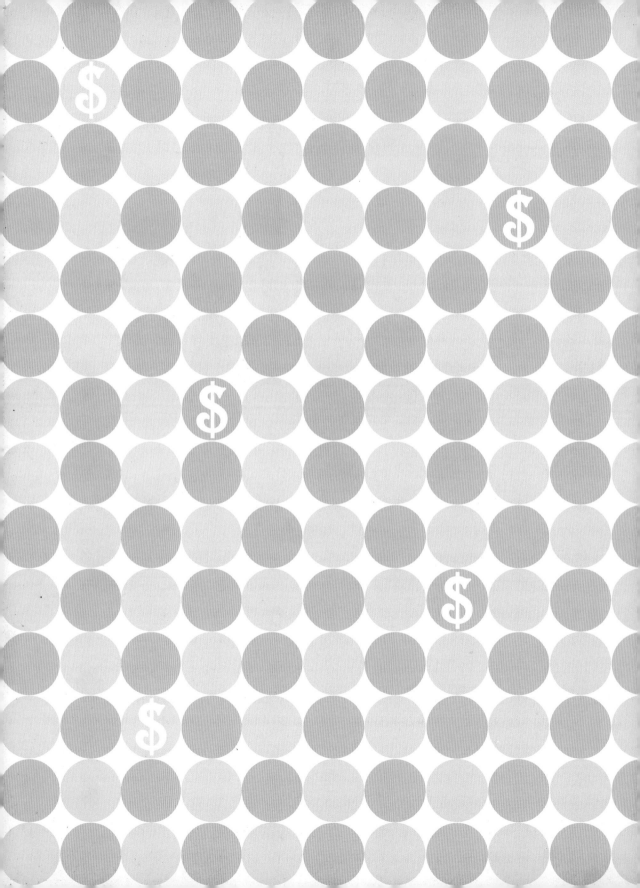